裝潢自己來
我的第一本
發包施工計劃書

裝潢一點都不複雜→實際動工化繁為簡，全面解決發包問題

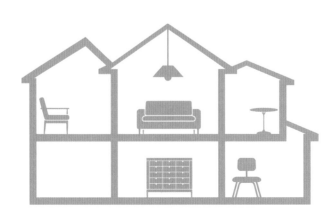

index

index

本書針對擁有屋子準備裝修的你,且準備找工班發包施工開始。在過程中會面臨的事件,歸納出 20 個計劃項目,整理實際執行的繪製設計圖、施工工程、工程的安排時間、讓你在預算金額內完成你的夢想屋。

Project 計劃

本書總共包含 20 個計劃項目,將裝潢、發包施工的過程中,屋主最迫切需要了解的事件以計劃書概念呈現。

職人應援團

全書總計邀請 10 位室內設計師、工班師傅等各種領域的專家職人,傳授屋主在每個裝潢事件,發包施工計劃中要注意的關鍵重點。

Project O5

建材運用計劃

不論工程發包或自行裝潢,了解建材特性再挑選適合的建材都是必要的過程,也能從中掌握屬性選擇最自己滿意的搭配組合,充分了解建材性質不僅更能與施工、設計師溝通,也能透過材質的活用混搭創造獨一無二的空間美感。

重點 Check List !

☑ O1 底材、隔間建材
底材和隔間材多會在木作工程中用到,單凡天花板、櫃子、木作隔間及壁面封板等部分,除了木作本身,在工程進行時,電器設備的管線配置也可同時與木作配合,如將懸吊喇叭的管線埋藏在天花板中,增加實用性和視覺上的美觀。

☑ O2 地板建材
更換地板是舊屋翻新裝潢工程中常見的項目,尤其廚房地磚的更換,或是原有架高木地板的拆除,想省錢也可避開拆地板,在原有磚鋪上木地板。但若是要局部更換地磚,除了考量磁磚的色差,還要注意材料厚度,確保完工不會出現小段差。

☑ O3 牆面建材
不論居家空間大或小,保留一道牆加以設計,就能為整體空間風格畫龍點睛,不論是改變顏色、拼貼建材或是大面積鋪陳,不論預算多寡,都能營造出自己喜愛的居家氣氛。

職人應援團

職人一 濱拓空間室內設計 張德良

用料實在施工確實
天花板的設計變化很多元,材質選擇也很豐富,透過使用與壁面相同的材質,將天與壁連成一氣,促成完整空間綿條延伸,也透過材質串聯、相互呼應,簡化材質元素,增添風格一致性。

職人二 原木工坊 李佳鈺

樸實木造型的多元性
木素材用於牆面能營造出居家空間無壓、溫馨感,在選擇木材主要除了木種、特性、顏色之外,木頭的紋理及深淺,甚至不同的施作加工方式,都會關係到風格呈現。

以松木為主建材的廚房明櫃不僅有收納與整理機能,樸實木造型,搭配繽紛的多款磁磚排貼散發出貼實的居家情調。
圖片提供_原木工坊

重點 Check List !

擬出每個計劃的章節摘要,方便讀者更快速獲得最想要的資訊內容,並清楚要點。

照著做一定會

將裝潢事件，發包施工的各個計劃
化繁為簡，用表格和條列式說明，
讓首次發包的屋主一看就明白。

裝修迷思Q&A

提出屋主們經常產生困惑的問題，
或是想要解決的事件，且整理出設
計師和工班的專業解答

裝修名詞小百科

公開設計師、工班的專業術語，讓
第一次裝潢、發包施工的屋主，也
能聽懂行話，讓裝潢過程更順利。

PART 1
裝潢前的資訊收集管道

照著做一定會

O1 裝潢流程掌握「先破壞後建設」原則

從拆除工程開始，再來是水電配管工程、木作、泥作、鋁門窗、空調等工程搭配進場；最後是油漆、木地板、窗簾、傢具進入。要熟悉工程流程才能清楚掌握各項工班進場時間。

O2 防出錯、多看監工書籍

每項工程的「眉角」各異，雖然自己不若設計師專業，但總要在預防師傅出錯或提出疑問前，事先做功課以具備基本概念，才能迅速找出解決之道。若有可信任的工班可以協助最好的，坊間目前也有一些監工的專書可以參考。

O3 理解自己的需求喜好

先做功課，才不會花冤枉錢，也更能明確知道自己需要什麼、喜歡怎樣的空間風格。翻閱國內、內外雜誌，上「設計家漂亮家居」等網站瀏覽各式各樣的空間案例，透過論壇或部落格及裝潢消費資訊，並從相關書籍或網站提供的訊息著手認識裝修工程基本概念。

O4 找出喜歡與不喜歡的居家風格圖片

「找出10張你喜歡與不喜歡的居家風格圖片」，尋找圖片時應從氛圍、感覺入手，切勿侷限於單項傢具、單一顏色，百分百對數的圖片也有所幫助。至少在家人或設計師及工班溝通時，能夠表白絕對不喜歡的風格，可以避免許多錯誤。

O5 了解家人生活習慣

居家空間的設計絕對不是制式化，而是必須根據居住者的習慣有所變化，例如喜歡下廚的人，可能需要等同於客廳的餐廚空間，有年長者或小朋友的家，則需要特別注意浴室地面的防滑，是否需要加裝暖風機等。另外，如果還有寵物，也需將此家庭成員考量進去。

O6 空間機能＆收納需求

空間機能包含動線的使用與收納的配置；但最重要還是收納機能，在裝修前先將自己所需要的收納物品列齊，例如有多少雙鞋子？有多少書籍、CD、DVD？衣服是以吊掛或平放為主等，都能讓釐清收納需求，規劃出最符合使用習慣的設計。

前言　本書已發包施工計劃書

透過居家裝潢網站，
找出自己的 style。

?? 裝修迷思 Q&A

Q. 我真的完全沒有頭緒該怎麼規劃，怎麼辦？

A.一開始想到要自己設計規劃、發包、甚至建材採買，繁瑣的工序流程著實令人頭痛。其實即使是自己要發包，現在已有設計師提供諮詢服務，針對需求提供規劃和工程的專業意見，因為不用丈量，考慮細節和畫圖，也不介入發包，整體而言諮詢費會較設計費來得低，幫助屋主在一開始就能抓住重點。

Q. 小孩長得很快，擔心現在的規劃沒幾年就不合用了

A.家有成長中的兒童青少年，維持空間彈性最為重要，以多功能空間、活動傢具為主，並採開放式收納方便孩子使用。事實上，不論是否有小孩，實際裝潢之前，你得考量自己的生活習慣，未來要如何運用這些空間？不需要天馬行空，只要先以六年為考量，想想未來六年中最基本、最不可缺乏的條件。

装修名詞小百科

功能：滿足居住者對生活機能的需求。透過動線安排、隔間格局、傢具擺設，讓住在裡面的人體驗到便利、舒適與暢快的生活環境。

風格：風格的反應居住者獨特的文化，個性與美學素養和審美觀，主要呈現在牆色（油漆）、燈飾、傢具、布飾（例如窗簾）的樣式。

老鳥屋主經驗談　——　Linda

當初努力做功課，上網看 MOBILE01 與網拍，還買了一堆書去瞭解一些工料相關的行情，結果有個設計師因為一直被報價，結不耐煩地說：「那你們要不要考慮自己發包好了？！」午聽之下很火大，結果沒想到就讓我們真的自己動手了～

老鳥屋主經驗談

邀請15位過來人的現身說法，針對
各個裝潢事件提出建議與分享。

計劃索引

頁面右邊設有計劃關鍵字，
方便讀者檢索查詢。

裝潢設計 ‧ 發包施工工序表

每個個案或多或少都有不一樣的工序，發包施工要考慮到材料、人員進出，以及實際工作天數、與各工班之間的銜接點，把各項工程的施作順序掌握好，且和專業人士開會討論檢討工作進度，就能夠讓施工過程進行得更加順利！

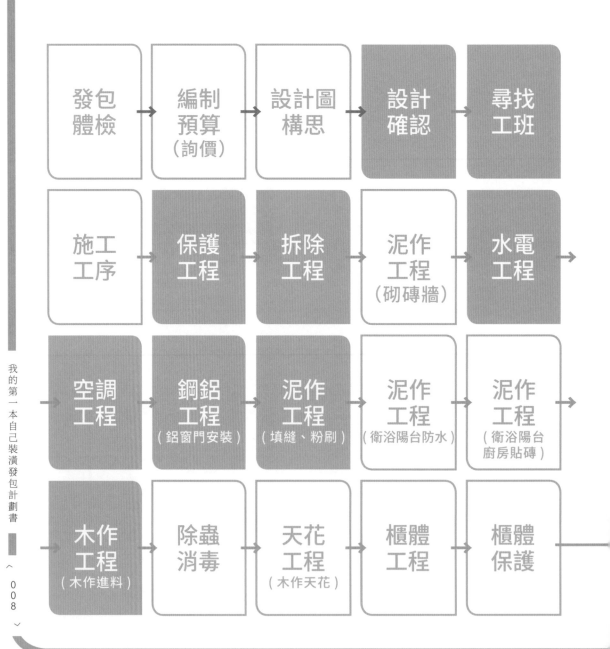

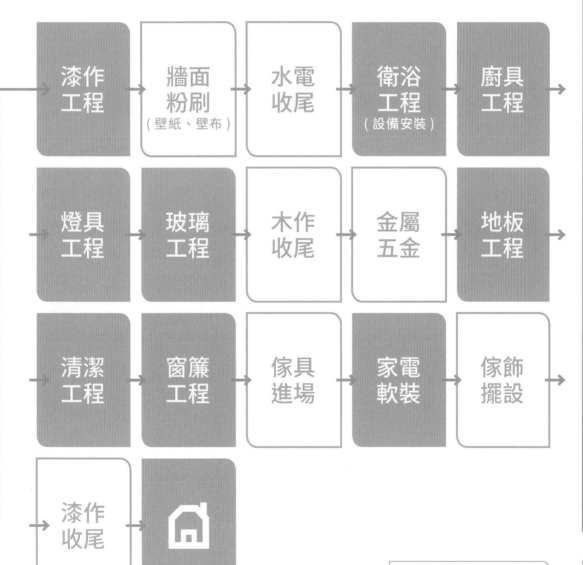

漆作
工程
→ 牆面
粉刷
（壁紙、壁布）
→ 水電
收尾
→ 衛浴
工程
（設備安裝）
→ 廚具
工程
→

燈具
工程
→ 玻璃
工程
→ 木作
收尾
→ 金屬
五金
→ 地板
工程
→

清潔
工程
→ 窗簾
工程
→ 傢具
進場
→ 家電
軟裝
→ 傢飾
擺設
→

漆作
收尾
→ 🏠

淺綠底：特別注意工程

發包體檢計劃

面對自己裝潢，發包施工這件事，千萬不能掉以輕心，以為規劃空間、發包工程就是將工班找來講一講，接下來等著監工、驗收就好。裝潢成果滿意與否，還是取決於房屋狀況、專業能力和相關的客觀條件。在決定是否自己設計、發包裝潢工程前，先檢視自身是否具備能力，如果有不符合但礙於預算等等因素非自己來不可，就趕緊充實相關知識，動手發包絕非難事。

重點 Check List！

☑ O1 自己設計能力評估分析

想要扮演好自己屋子的設計師，自身能力的評估與培養是很重要的。「自身能力」又可以分為兩個部分：（一）本身已具備的能力，包括空間概念及室內設計相關知識等；（二）本身擁有的熱情，包括自己的決心與堅持執行的毅力等。
→詳見 P012

☑ O2 房屋狀況評估分析

房屋狀況的好壞，是攸關設計工作難易度一個相當重要的因素。狀況好的房子，可以省卻很多不必要的麻煩；相反的，狀況不佳的房子，設計工作的難度相對地會增加許多。因此，調整方式、設計放棄和改進考量都要涵蓋在分析當中。
→詳見 P015

職人應援團

職人一　朵卡空間設計　邱柏洲

裝潢要時間，選對時間爭取好品質

對於工班來說，9月至隔年1月新年都算是旺季，這時工班人力最吃緊，對屋主來說不僅議價空間小，任何工程都可能要排要等；而過年後至9月都算是淡季，也是最推薦民眾發包裝修的時機，因為這時不僅人力足，就連需要的材料在市場上也充足，在供過於求的情況下，屋主較能爭取到較好的價格與品質。

自己充分搜集資料、培養設計美感，搭配裝潢師傅的實務經驗與施作技術，才能將心目中的設計化為真實。
圖片提供 _ 朵卡空間設計

自己設計能力評估分析

照著做一定會 |

01 透視你自己的設計潛力

項目	問題	是／否
1	你喜歡自己動手 DIY 做一些東西	是（　）　否（　）
2	你過去在學校就讀的是與美術、美學有關的科系	是（　）　否（　）
3	你覺得自己的思考邏輯還不錯	是（　）　否（　）
4	離開學校後，你曾參加跟美學有關的課程	是（　）　否（　）
5	工作上的瑣事雖然多，但你大多能處理妥當	是（　）　否（　）
6	你知道海島型木地板與實木地板之間的差異	是（　）　否（　）
7	你喜歡新奇的事物，喜歡到不同的地方用餐	是（　）　否（　）
8	你對自己未來住家的樣子，有清楚的想法	是（　）　否（　）
9	你喜歡自己佈置住處	是（　）　否（　）
10	在沒裝修需求前，你就常買跟設計裝修有關的書	是（　）　否（　）
11	你對於逛傢具、傢飾店很有興趣	是（　）　否（　）
12	你看得懂室內的平面配置等圖面	是（　）　否（　）
13	出門前你總會挑選、搭配一下服裝	是（　）　否（　）
14	朋友常稱讚你的衣服搭配及顏色選用	是（　）　否（　）
15	你喜歡參觀別人的住家，並且對新的材質有興趣	是（　）　否（　）
16	你對於預算以及一般的裝修行情稍具概念	是（　）　否（　）
17	對室內空間的運用，你經常有不錯的點子	是（　）　否（　）
18	對於設計自己的住家，你有強烈的意願	是（　）　否（　）

完成測驗後，請計算一下你的分數。奇數題（1、3、5、7……）勾選「是」得一分、勾選「否」則為零分。偶數題（2、4、6、8……）勾選「是」可得二分、勾選「否」則為零分。

Point ▸ 如果你的分數總合為

0～5分	6～12分
放棄自己當設計師的念頭，還是請專人來操刀吧。	雖然你離設計師的資格還很遠，但你已取得「入學許可」，跟著本書好好修練，一定可以成就室內設計師夢想！
13～19分	**20～27分**
基本上，你已具備成為設計師的能力。所欠缺的是一些專業技能的補強，從設計圖開始畫起啦～	恭喜你！絕對可以設計自己的房子，如果你想更精進，那麼仔細研讀燈光、收納和施工工法等單元，將有大躍進的進步呢。

O2 準備自己設計屋子的標準

項目	內容
1	積極參與建材展，傢具展或產品發表會，廣泛地收集有用的資料。
2	了解自己需要的施工項目，以及施工步驟、內容和材料等。
3	對於材料的價格以及施工的費用，已有清楚的了解與紀錄。
4	觀察別人房子的缺失，對自己未來的設計重點有徹底的把握。
5	參考相關雜誌、書籍，並且篩選重點，成為自己的運用大補帖。

O3 評量自己找工班發包的標準

Point ▸ 規劃平面圖

平面規劃能力不只是指你自己有沒有畫圖的能力，還包含有沒有空間配置的觀念，例如客廳面寬最少要 4 米以上等等，還有尺寸的概念如抽屜的深度等，工班施作是按照你給的圖面，不要以為差 1 公分沒什麼，差 1 公分可能抽屜就拉不出來了。

Point ▸ 施工內容的難易度

一般性的工程像是粉刷、鋪地磚，多數的工班都可做得到。但若特殊的施工，像是做圓弧型的書櫃或是異材質的結合，多數工班不是做不到，而是他們「怕麻煩」，所以若自己裝修，施工內容最好也不要太過複雜，徒增自己和工班師傅溝通上的困擾。

Point ► 發包工程的能力

裝修工程牽涉的工種相當複雜，而且每一個工程的銜接都有其次序。一般室內裝修工程流程如下：拆除原來隔間並清理→標示隔間位置→泥作工程、水電配管→木作工程、水電配管→空調工程、水電配管→泥作工程、木作工程→塗裝工程、裝置五金玻璃→鋪設地毯、地板、窗簾→完工。

Point ► 要注意時間壓力

屋況容許自己進行裝修，也要考量自己有沒有時間可以做這件事，裝修工程時間通常得花上 2 ～ 3 個月的時間，甚至有的還長達半年、1 年。

?? 裝修迷思 Q&A

Q. 我家只是要修改廚房或衛浴，需要設計師來幫忙嗎？

A. 除非情況很複雜，不然的話，像廚房及衛浴空間的局部裝修，建議能直接找廚具或衛浴設備商來洽談比較快速而且實惠。且這類廠商能直接針對需求規劃，像是改管線或更換馬桶等，不需透過設計師。

Q. 預算吃緊、又沒能力時間自己發包，看來住家裝修仍然是遙遠的夢想

A. 現在大型居家修繕材料廠商，如 B&Q 特力屋、Homebox 等，也有提供單項工程連工帶料修繕的服務，費用有時還比自己找工班來的划算省時，加上售後服務也相對有保障，是預算不足的裝修消費者的另種選擇。

裝修名詞小百科

工班：由木工師父、油漆師父、泥水師父、水電師父等各自組成的團隊。

工頭：工班統籌的窗口，負責連繫及溝通，甚至收款去支付下游的費用等等。

老鳥屋主經驗談 ── Tina

發包前一定要貨比三家，可以多透過幾個管道去了解產品細節跟估價，尤其是在木作部分價差真的很大；準備一本裝潢用小本子，專門記錄每個工班的報價和目前繳款進度，只要有確實記錄每個工班的繳款狀況，就不會覺得麻煩了。

PART 2

房屋狀況評估分析

照著做一定會!

01 自宅設計難度度評估表

你的房子是?	預售屋(1分);三年以下的新屋(2分);四年至九年的中古屋(3分);十年以上舊屋(4分)。
你房子的坪數是?	二十坪至三十坪(1分);二十坪以下(2分);三十坪至四十五坪(3分);四十五坪以上(4分)。
你的房子屋形是?	公寓大廈型(1分);一樓平面型(2分);別墅樓中樓(3分);夾層屋(4分)。
你的屋況現況是?	不用重大調整(1分);房間格局要調整(2分);衛浴、廚房要移位(3分);全室要調整(4分)。
你的房屋格局是?	方正格局(1分);稍有凹凸角度(2分);狹長的屋型(3分);斜角貨源弧牆(4分)。
你的房屋狀況是?	大致良好(1分);部分地方有壁癌(2分);有漏水的情形(3分);房屋損壞的很嚴重(4分)。

請將上述各題的得分相加,並參考以下說明:

6～12分	你的房子屬於設計度困難偏低的房子,只要有些相關的概念,進行設計就很容易掌握。
13～18分	你的房子算是設計困難度中等的房子,在技巧上要多加把勁,注意一些小地方的處理,才可以設計得比較完善。
19～24分	你的房子是設計度偏高的房子,不容易立刻有好的設計表現,要保持毅力,不斷測試且思考解決之道,才有好成果。

你們家的坪數和狀況,大概要NT.XXX

O2 調整房屋設計難度的方法

Point — 將必要之隔間變更減至最低
保有、依循部分原有的隔間，可以讓你在設計上較易進入狀況，不至於抓不住重點。

Point — 先將結構、外觀、漏水等問題處理完畢
把房屋「硬體」部份的問題先解決掉，之後才能比較專注於室內的部分。

Point — 盡量捨棄繁複的材質運用
太多的材料會增加設計上的複雜度，而且也不見得比較美觀。。

Point — 燈光、電路盡量以重點表現為主
減少間接式或隱藏式燈光等難度較高的手法，改以簡單的吸頂燈、嵌燈為主。

Point — 勿設計太困難或費工的情況
施工難度高的設計，不僅要更多的預算，設計上的思考也不周全。

新成屋天花板乾淨平整，不做木作天花板也沒關係，甚至就算不能裝層板燈跟嵌燈，還是有吸頂燈、軌道燈等吊燈選擇。圖片提供 _ 朵卡空間設計

O3 複雜情況找設計師協助

Point — 屋齡太老
超過 30 年以上的老屋，且壁癌及漏水十分嚴重。

Point — 結構有問題／特殊建物
例如建物嚴重偷工減料或採光嚴重有問題；而挑高或夾層等，因為涉及到結構計算，所以最好找專業設計師規劃。

記錄家裡的格局問題，做為和設計師或工班討論的依據。

Point — 大動格局／空間問題多
格局需要大幅度改變，例如二房改三房、三房改四房等；有複雜的樑柱已經影響空間規劃、或天花板太過低矮。

Point — 坪數太小
因小空間裡要擠下所有的機能，若不是專業設計者，在空間利用會無法掌握。

Point — 格局異怪
並非所有建物都方正，像多角形、倒三角形和不規則的空間，建議設計師來處理。

?? 裝修迷思 Q&A

Q. 朋友介紹的，但怎麼知道找到的工班或設計師有沒有問題？

A. 登記有案的裝潢公司，可至內政部營建署全國建築管理資訊系統入口網→營造業專區→建管資訊查詢→建築物室內裝修業登記查詢可輸入適當條件或直接查詢或室內裝修業登記所在地查詢 http://cpabm.cpami.gov.tw/index.jsp

Q. 一般工班要證照嗎？工班資格的證照有哪些？

A. 常見的有行政院勞工委員會核發的「室內配線（屋內線路裝修）」、「泥水—砌磚」、「傢具木工」、「配電線路裝修」、「裝潢木工」，及「建築物室內設計」、「建築物室內裝修工程管理」等技術士證照（可再分為甲、乙、丙三級）。這些都能了解裝潢工程行是否具有一定專業水準的憑證。但由於水電、木工與油漆等行業多靠師徒相傳，因此有些老師傅可能沒有證照，但技術一樣相當優異，這是在選擇裝潢工程行或工班時要特別留意的。

📖 裝修名詞小百科

客變： 又稱為變更設計，簡單來說就是依照客戶需求進行變更，通常見於預售屋，已經完工又改變設計也可算是「客變」的一種。

格局： 簡而言之就是建築物在整體空間上的形式配置，例如常聽到的「三房兩廳」格局，指的就是客廳、餐廳加上三間房間。

🏠 老鳥屋主經驗談 —— Juile

決定要不要用設計師或工班，可以去看設計師或工班正在進行的工地現場，現場可以發現工班品質好不好，如果工地現場也管理得很好，沒有吃檳榔、亂丟菸蒂的狀況，門口也有貼裝潢許可證，就會感覺比較有保障。

裝潢預算計劃

第一次裝潢發包的新手往往對著手編列預算這件事感到困惑,而對於裝潢中會面臨到的費用也一無所知,甚至覺得複雜和焦慮自己的荷包不夠深,只要先建立基本的裝修概念,並且由檢視屋子的狀態和自己的需求開始,包括屋況、所需施作的工程,再推估可能的費用,以及有哪些省預算的方式,了解這些重點後就能安心避免多花冤枉錢。

重點 *Check List !*

☑ O1 從屋況抓預算

掌握屋況是預估預算的第一步,新成屋、中古屋、老屋需要不同的裝修強度以達到作為基本的居家條件,滿足屋主的需求。屋況越好,可能所需的裝潢修繕費用就越少,從屋況可以建立推估預算的基本概念。　　→詳見 P020

☑ O2 從施工工種抓預算

室內裝修工程由數項不同的工程組成,包括一開始的拆除,基本的水電、泥作、鋁門窗、冷氣、木作、燈光、油漆等,只要知道需要做哪些,其實就能請工班報價,更準確的抓出大概的預算。　　→詳見 P022

☑ O3 預備金準備原則

預算抓不準,導致事後不斷追加,是許多自行發包者都曾經歷的慘痛經驗,其實很大一部分肇因於事前抓預算時考慮不周,以及沒有預留準備金以應付突發狀況,事實上只要先預留好裝潢預備金,有突發狀況時也不至於措手不及。
→詳見 P024

職人應援團 ▍

職人一　朵卡空間設計　李曜輝

可尋找專業諮詢界定需求

一般人在毫無概念的狀態下，對於裝修預算大概只能先抓一個拿得出來的數字（現金），例如房價的百分之十，這時可以找一些設計師或工班報價或諮詢，釐清哪些是「必要」或「不必要」的工序，再依需要增刪工程或預算，就能抓出較準確的數字。

職人二　朵卡空間設計　邱柏洲

裝修工程預算通常要視規模和工程複雜度作評估

新房子的微調微整，因為少了泥作拆除，能省下較多時間，可抓 20 ～ 30 天完工，中古屋及老屋就要視複雜度來作評估，一般來說至少需要 2 至 3 個月的時間，有的甚至還長達半年至一年。若是有管委會管理的大樓，則要在事前提出裝修申請，每個大樓依施工規定不同，工程時間也會有所影響，那自然而然工程也會影響到預算的支出。

裝修費會依空間實際狀況、屋主的需求和選擇工料材質而有落差；甚至屋型不同，裝修重點也不一樣，新屋重在機能的滿足，老屋則會以硬體翻修為要。

從屋況抓預算

照著做一定會

O1 屋況與做多少工息息相關

辨別屋況的新舊好壞估算裝修預算,主要在決定「必要性」工程、也就是裝修成可以舒適入住狀態所要施作的工程數量。例如新成屋就不用像老屋一樣要更換水電管路,因此可以省掉此項工程 NT.5 ～ 20 萬元的費用,購屋千萬別忘了計算未來裝修的需求。

O2 預售屋善用客變省費用

預售屋雖然較無法如新成屋可有眼見為憑,但預售屋在裝修上有著新成屋所沒有的優勢,也就是透過建商進行客戶變更,可省下「水電管路移位、拆除新立隔間」的費用,預算可放在傢具軟裝上,工程相對快速單純。

O3 新成屋避免大改格局

5 ～ 10 年屋齡以下的新成屋,由於水電管路設備狀態都良好,基本上預算與預售屋相去不會太遠,但新成屋的格局可能不盡如人意,在挑選房子的同時,就應考量房子內部的格局、動線是否符合全家的需要,否則必然多出調整的費用。

O4 中古屋會有局部基礎工程

屋齡 10 ～ 15 年的屋況依實際狀況評估,在沒有壁癌漏水、不動磁磚的情況下會較新成屋多出廚房、衛浴設備更新的費用;遇到屋齡 15 年左右的房子,雖有些未到非換不可,但水電管線需要更新的可能很高,在預算編列時就得考量此部分支出。

浴室、陽台、外牆防水作足,尤其容易被忽略的窗台防水工程;在中古屋改裝時,如需換鋁窗則應於鋁窗安裝前後,各做一次防水才是最有保障的做法。 圖片提供 _ 朵卡空間設計

O5 老屋基礎工程花費可能佔大宗

15 年以上,至 30 ～ 40 年的房子,連結構都必須檢視,建材老化造成的壁癌漏水、鋁門窗滲水、電線老化、水管鏽蝕等使得基礎工程成為裝修老屋的要務,基礎工程完成後,再來考慮機能需求及風格的問題。

老房子裝修需特別注意管線及鋼筋外露等問題。 圖片提供 _ 朵卡空間設計

O6 不同屋況單位預算參考

屋況／屋齡	裝修費用參考	施工重點
預售屋	NT.30000／坪	可預先調整空間屬性，配合工程進度變更格局。簡單木作或系統櫃，空調及裝飾工程、傢具傢飾。
新成屋 5～10年	NT.30000／坪	交屋前審慎選擇，交屋後不宜更改格局動線。簡單木作或系統櫃，空調及裝飾工程、傢具傢飾。
中古屋 10～15年	NT.40000～ NT.50000元／坪	檢查全屋老化問題，視情況決定是否需要重配或新增水電管路。更新廚衛設備、空調工程、全室粉刷、木作或系統櫃。
15年以上	NT.65000元／坪	檢查全屋老化問題，水電及瓦斯管線最好全部換掉。管路重配、廚衛更新、門窗換新、改隔間、空調工程、木作工程或系統櫃、全室粉刷等。

?? 裝修迷思 Q&A

Q. 小套房因為坪數並不大，裝修費用應該可以比較省？

A. 小套房還是要抓每坪大約大約 NT. 5萬元左右，因為很多傢具要量身訂作，加上施工空間小，工人施工較困難，在裝修預算上相對會比一般新成屋來得高。

Q. 中古屋的總價不錯，但衛浴位置不理想，裝修時再改位置就好了？

A. 中古屋改格局最花錢，容易產生問題的就是動到「排水管線」；公寓大樓內的排水管線都是配合整棟建築的管線位置，如果擅自移動，施工時又沒有將地板墊高，做出足夠的洩水坡度，未來容易有阻塞或漏水問題。

裝修名詞小百科

硬體基礎工程： 泛指拆除、泥作、水電、木作等等，硬體裝修在中古屋的裝修預算中，是必須優先處理的項目。

打毛： 也就是打密集小洞，當舊牆或地面過於平滑不易咬合黏著，預新作水泥粉光或貼磁磚所用的步驟。

老鳥屋主經驗談 —— Leon

中古屋的屋況範圍落差很大，除了屋齡不同，有時候別人可以接受的你不一定能接受，所以參考別人的經驗也要清楚內容，光憑坪數和屋齡其實不太準確。

PART 2

從施工工種抓預算

照著做一定會

O1 分清楚工班的內容

Point ▸ 裝修工程內容大概會分為幾大部分

項目	內容
基礎硬體工程	包含泥作、鋁窗、水電、空調、油漆等。
室內軟體工程	包含櫥櫃、板壁、隔屏等木作裝飾建材。
可獨立分割區域	包含廚房、衛浴。
活動傢具及裝飾品費用	包含沙發組、餐桌椅、床組、窗簾、掛畫。
雜項支出費用	包含電器、保全、清潔、搬家。
說明：可以依此分類作為尋找工班詢價，推估預算的依據。	

O2 常見施工內容抓裝潢預算

（含空調、但不含其他燈具、家電、傢具、窗簾）

Point ▸ 屋齡：0～5年／屋況：新成屋，從未裝潢

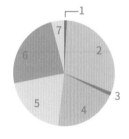

1. 保護 1%
2. 冷氣 30%
3. 電工（配燈線）1%
4. 木工（天花板）20%

5. 油漆：20%
6. 木地板 24%
7. 清潔 4%

Point ▸ 屋齡：5～15年／屋況：有居住或裝潢痕跡，無壁癌漏水

1. 拆除 6%
2. 冷氣 35%
3. 木地板 10%
4. 木工（天花板）16%

5. 油漆 21%
6. 電工（配燈線，抽換管線，多迴路插座）8%
7. 清潔 4%

Point ➤ 屋齡 12 ～ 20 年／屋況：裝潢設備開始顯得老舊，無壁癌漏水

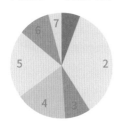

1. 拆除 6%
2. 冷氣 35%
3. 電工（配燈線，抽換管線，多迴路插座）8%
4. 木工（天花板）16%
5. 油漆 21%
6. 木地板 10%
7. 清潔 4%

Point ➤ 屋齡 20 ～ 35 年／屋況：原裝潢設備已有相當壞損消耗，有壁癌漏水

1. 木地板 6%
2. 油漆 10%
3. 木工（天花板，部分隔間）9%
4. 鋁門窗 15%
5. 泥作（衛浴及壁癌漏水、瓷磚破損或膨拱區）20%
6. 電工（配燈線，抽換管線，全室重配）15%
7. 水工（換水管）5%
8. 冷氣 12%
9. 拆除保護 7%
10. 清潔 1%

註：以上表列為參考數值，實際情況依個別案例狀況有所調整。

?? 裝修迷思 Q&A

Q. 想變更地面材質，一定要把舊地面材料拆除才可以嗎？

A. 如果原有是磁磚面想換成木地板，原磁磚地面無異狀，大可不用將原磁磚拆除，可以直接鋪設木地板

Q. 預算不足但做的工程一堆，擔心預算爆表，有工程能晚點做嗎？

A. 工程會製造噪音、或是動到泥水的污工，需要保護遮蔽非工程區域，因此要在入住之前完成，例如木作和燈光；其他不會產生噪音煙塵，工期短等到有預算時再做，不用一次到位。

📖 裝修名詞小百科

固定裝修：包含木作，天花板、木地板、PVC 地板、固定櫥櫃等以及壁紙、油漆。

輕裝修：以不變動原建物的格局、弱電線路、給排水管路為原則，以軟體及裝飾為主，較低成本之裝修手法，可盡量節省花費高昂的複雜硬體裝修工程，一般來說屋況良好的預售屋和新成屋較適合。

👷 老鳥屋主經驗談 ── Ken

做功課理解工序之後其實就有概念，知道哪些可以後做或刪減，對預算的控制程度上升。我們就先不做木地板，窗簾也是自己買來掛，當下省了好幾萬呢！

體檢發包
預算
設計圖
空間配置
建材
收納
隔間
照明
配色
法規
工班
報價單
時程裝修
合約
工程基礎
工程設備
工程裝飾
軟裝搭選
驗收
入住

〈 0 2 3 〉

預備金準備原則

照著做一定會

01 裝潢預備金用來應付突發狀況

預算抓不準，造成事後追加壓力龐大，其實很大一部分肇因於事前考慮不周，以及沒有預留準備金以應付突發狀況，事實上只要新屋約留總預算 10%，中古屋 20% 的裝潢預備金，有突發狀況時也不至於措手不及。

02 以下狀況，出動裝潢預備金

項目	內容
一	拆除木作（或輕隔間）天花板，發現天花板漏水，需增加抓漏預算。
二	拆除時不小心打破水管或電管，需增加水電維修費。
三	屋主在工程中修改設計造成追加。
四	施工造成附近鄰居的建物損毀所衍生的費用。

03 容易忽略的費用：保護工程

保護工程通常由拆除工班承作，有些小規模的則由該施工工班，如泥作施作。計價方式以「式」計算，一般來說應在 NT. 2 ～ 5 萬元之間（室內地坪一坪 NT.600 元起跳，公共區域約為數千元），而最常用的是塑膠瓦愣板、防潮布、木夾板（有厚度之分），那越多層、越厚就越貴。

04 容易忽略的費用：拆保護工程、垃圾車清運費

除了工程一開始的保護工程外，最容易忘記的還有拆保護工程的費用，需要決定由哪一階段工班拆除，是否要貼費用？而垃圾車清運費工地的清潔費分好幾階段，第一階段為開工時的拆除清運；第二階段為工程中每個工項退場時，將垃圾清理掉的工程中清運，一趟清運車資約為 NT.3500 元，整個工程下來，清運的費用至少要 NT.4000 元以上。

05 容易忽略的費用：五金零件

多數的零件，如門角鍊、抽屜軌道、推拉門滑軌等，都是關鍵性的機能物件，好不好用差很多，也會影響到物品的使用壽命，頻率高的、結構鉸鍊不需要用歐洲進口貨，國產的就很好；構造複雜的緩衝、隱藏機關五金才需要高級貨。

O5 容易忽略的費用：門檻

需要用到門檻的空間大部分都是地面有水的地方，像是衛浴、陽台等。一般門檻可分為大理石門檻、人造石門檻、泥作門檻貼磁磚，每隻預算大約 NT.500 ～ 1500 元之間。

?? 裝修迷思 Q&A

Q. 為什麼報價單要跟我收這一條「保護工程費」，這不是師傅應該做的嗎？

A. 保護工程是指對施工時期間，會經過的公共空間所做包覆保護工程，指的就是新舊地板、電梯內牆、大樓公共空間的出入通道等，所施工的包覆保護措施，為了避免因工程的進行遭受人為破壞，待施工結束後就會拆除、恢復原狀。保護工程也是需要人工和材料費，因保護程度不同費用也會不同，因此現在大多會獨立列出價目。

Q. 社區大樓裝修得先押付裝修履約保證金是合理的嗎？

A. 裝修工程進行時，為了確保大樓不因此受到損壞，管委會會要求支付約 NT.3 ～ 5 萬元不等的押金，大坪數也有可能到 NT.10 萬元，若大樓因裝修而有所毀壞，就要從中扣款賠償，也就是社區大樓收的裝潢預備金。自己發包的屋主得另外再支付這筆費用，如果可以協調以票據支付負擔較輕。

裝修名詞小百科

統包合約：通常包含了設計約與工程約，但若有部分工程是委外進行，像是廚具和衛浴設備，則不包含在內；如果是自行發包，則與個別不同工種所簽訂的合約，時常是以報價單簽名蓋章替代。

弱電：電視、網路、電話等此類電器所需電源通稱為弱電，屬於低伏特（12、24V），原則上水電只設弱電箱，若需要牽設線路還是得請專門廠商來，常常也是屋主不清楚的部分。

老鳥屋主經驗談 —— 慧心

當初自己發包真的沒經驗，完全沒有考慮到最後的拆除保護工程其實需要人工及清運費用，雖然最後沒花多少錢，但是顯示我們真的很可能會不知道哪邊突然冒出一筆費用，先有準備比較好呢！

發包
體檢

預算

設計圖

空間配置

建材

收納

隔間

照明

配色

法規

工班

報價單

裝修時程

合約

基礎工程

設備工程

裝飾工程

軟裝搭選

驗收

入住

〈025〉

設計圖構思計劃

不論是請設計師規劃或是自己動手丈量畫圖，擘畫理想的家的藍圖，將腦中的想法，家人的需求和喜好轉化為現實的設計工程語言，是整個工程中最重要的一步，學習看圖面和審視細節之餘，別忘了溝通與耐心是這步驟的關鍵。

重點 Check List！

☑ **O1 裝潢前的資訊收集管道**

自己發包就要有做大量功課的心理準備，不但要學習工程相關知識，也必須釐清、解讀自己及家人的需求和喜好，作為規劃的基礎。除了滿足功能還要有風格，新手屋主可以求助專業設計師幫忙。　　→詳見 P028

☑ **O2 原始建築圖，檢視房屋結構**

預估工期及預算必須審視屋況，包括建築物過於老舊、原始的改建有危險、違章建築，以及白蟻、蟲蛀、壁癌、損害鄰居建物等問題。建築屋況可申請「建築物原始建築圖」做好事前評估。　　→詳見 P030

☑ **O3 DIY 丈量空間，畫出平面圖**

如選擇自己找工班裝修，自然不會有設計師服務幫忙規劃平面圖，那就得要先學會自己畫平面圖才行。其實畫平面圖沒有想像中困難，雖然無法像設計師畫的尺寸精準，但與工班溝通應該也是足夠的。　　→詳見 P032

☑ **O4 認識 & 看懂設計師的設計圖**

一般設計師與屋主的合作依據工作內容共分有三種類型：純設計，設計加監工，設計、監工到施工，自己發包的屋主，大都希望採前兩種方式，取得圖之後再直接發包，屋主就必須學習如何看懂一定程度的圖面。　　→詳見 P036

☑ **O5 平面配置尺寸大原則**

定義生活習慣並運用到未來空間，針對居住空間每個人所列需求，依其重要性作順序排列，動手畫出自家的設計平面。　　→詳見 P042

職人一　朵卡空間設計　邱拍洲

別在細節走火入魔

自己規劃設計自己的家，其實是最理想的，別忘了空間的設定應以人為主，為了完成舒適的居住空間，才會有傢具、收納的產生；空間 - 傢具＝人的活動空間，回到屋內走動感受，比起專注把圖畫得完美更有意義。

由書籍、雜誌及網路圖片中尋找喜愛及不喜歡的格局和風格，可以快速建立基本概念，釐清自己的喜好。
圖片提供_朵卡空間設計

職人二　今硯室內裝修設計有限公司　張主任

拆錯麻煩大，房屋結構要小心

支撐房屋的結構牆像是剪力牆是絕對不能拆除。有些建築隔間牆以 RC 灌蓋，厚度也達15cm 以上，因此要正確分辨是否為剪力牆，最好請結構技師判斷，或者去該地的建築管理處調出當初送審的建築圖面來判斷最為準確。

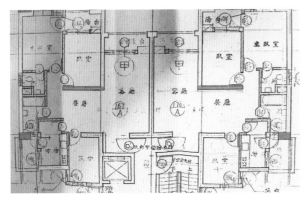

向政府建管機關調閱建物的原始結構圖，才能保證設計和工程不影響建物結構，確保住宅安全。
圖片提供_今硯室內裝修設計公司

裝潢前的資訊收集管道

照著做一定會

O1 裝潢流程掌握「先破壞後建設」原則

從拆除工程開始,再來是水電配管工程,木作、 泥作、鋁門窗、空調等工程搭配進場;最後是油漆、木地板、窗簾、傢具進入。要熟悉工程流程才能清楚掌握各項工班進場時間。

O2 防出錯、多看監工書籍

每項工程的「眉角」各異,雖然自己不若設計師專業,但總是要在預防師傅出錯或提出疑問前,事先做功課以具備、基本概念,才能迅速找出解決之道。若有可信任的工班可以協助是更好的,坊間目前也有一些監工的專書可以參考。

O3 理解自己的需求喜好

先做功課,才不會花冤枉錢,也更能明確知道自己需要什麼、喜歡怎樣的空間風格。翻閱國、內外雜誌,上「設計家、漂亮家居」等網站瀏覽各式各樣的空間案例,透過論壇或部落格汲取裝潢經驗,並從相關書籍或網站提供的訊息著手認識裝修工程基本概念。

O4 找出喜歡與不喜歡的居家風格圖片

「找出 10 張你喜歡與不喜歡的居家風格圖片」,尋找圖片時應從氛圍、感覺入手,切勿侷限於單項傢具、單一顏色,才不會見樹不見林。百分百討厭的圖片也有所幫助,至少在家人或設計師及工班溝通時,能夠表白絕對不喜歡的風格,可以避免許多錯誤。

O5 了解家人生活習慣

居家空間的設計絕對不是制式化,而是根據居住者的習慣有所變化,例如喜歡下廚的人,可能需要等同於客廳的餐廚空間,有年長者或小朋友的家,則需要特別注意衛浴地面的防滑、是否要加裝暖風機等。另外,如果還有寵物,也要將此家庭成員考量進去。

O6 空間機能 & 收納需求

空間機能包含動線的使用與格局的配置;但最重要還是收納機能,在裝修前先將自己所需要的收納物品列表,例如有多少雙鞋子?有多少書籍、CD、DVD?衣服是以吊掛或平放為主等,都能讓釐清收納需求,規劃出最符合使用習慣的設計。

透過居家裝潢網站，
找出自己的 style。

?? 裝修迷思 Q&A

Q. 我真的完全沒有頭緒該怎麼規劃，怎麼辦？

A. 一開始想到要自己設計規劃、發包、甚至建材 採買，繁雜的工序流程著實令人頭大。其實即 使是自己要發包，現在已有設計師提供諮詢服務，針對需求提供規劃和工程的專業意見，因為不用丈量、考慮細節和畫圖、也不介入發包， 整體而言諮詢費會較設計費來得低，幫助屋主在一開始就能抓住重點。

Q. 小孩長得很快，擔心現在的規劃沒幾年就不合用了

A. 家有成長中的兒童青少年，維持空間彈性最為重要，以多功能空間、活動傢具為主，並採開放式收納方便孩子使用。事實上，不論是否有小孩，實際裝潢之前，你得考量自己的生活習慣，未來要如何運用這些空間，不需要天馬行空，只要先以六年為考量，想想未來六年中最基本、最不可缺乏的條件。

📖 裝修名詞小百科

功能：滿足居住者對生活機能的需求。透過動線安排、隔間格局、傢具擺設，讓住在裡面的人體驗到便利、舒適與愉快的生活環境。

風格：風格的反應居住者獨特的文化、個性與美學素養和審美觀，主要呈現在牆色（油漆）、燈飾、傢具、布飾（例如窗簾）的樣式。

🏠 老鳥屋主經驗談 —— Linda

當初努力做功課，上網爬 MOBILE01 與網拍，還買了一堆書去瞭解一些工料相關的行情，結果有個設計師因為一直被殺價，就不耐煩地說：「那你們要不要考慮自己發包好了！」，乍聽之下很火大，結果沒想到就讓我們真的自己動手了～

原始建築圖，檢視房屋結構

照著做一定會

O1 申請建築物原始建築圖

步驟	執行內容
Step1	先至各縣市的建設局處申請建築物使用執照影本，上面會標示建造執照的年份與號碼，就可知道是哪一個機關（縣市政府或鄉鎮市公所）核發的執照
Step 2	備好屋主身份證影本、印章、房屋所有權狀影本或建物謄本、使用執照影本，至核發機關的建築管理相關局、課申請「影印原核准圖說」
Step 3	須註明要申請建造執照之結構平面圖與配筋圖，若只申請使用執照圖說，不會核發結構平面圖

註：影印 A1 尺寸 1 張約 NT.200 元，規費另計。

O2 根據圖面檢視結構與是否有違建

拿到建築物原始建築圖，可看出有無違建、房屋原始結構，消防水電管路等，可以準確判斷可否改變格局，違建或不當裝修影響安全等有問題的地方，也可利用這次翻修一併處理。

方法 ➤ 台北市建築管理工程處申請建築圖說（https://dba.gov.taipei/Default.aspx）

申請項目	須檢附資料	申辦地點・費用・時間
申請原圖（即平面圖、竣工圖原始尺寸的大小）	所有權人身分證影本、印章及建物的建號（或建物所有權狀影本），如委託他人申請者：另附代理人身分證影本及印章	台北市政府南區 2 樓建管處資訊室辦理，每張圖說費用約為 50 元，4 個工作天後再繳費領件。
申請縮影圖（即平面圖、竣工圖縮成 A3 尺寸的大小）	所有權人身分證影本、印章及建物的建號（或建物所有權狀影本），（如委託他人 申請者：另附代理人身分證影本及印章）	台北市政府南區 2 樓建管處資訊室辦理，每張圖說費用為 3 元，1 個工作天後再繳費領件。
補充資訊：高雄市政府建築圖說複印線上申請系統 網址：buildmis.kcg.gov.tw/kcgbuildpay/process.jsp		

對於空間裡是否會影響結構的牆面，最好跟建商或管委會調出當時興建的建築原始圖來檢視會比較準確。其中，若是結構牆面多半比較厚，從建築圖面上一看即知。
攝影 _Yvonne

?? 裝修迷思 Q&A

Q. 三、四十年老屋申請下來的圖面很模糊，也比現在的圖簡單，沒什麼參考價值？

A. 在數位時代以前手繪留存的圖面不若現在精細，同時法規也沒現在嚴謹，圖面的確會很簡單，這種情形圖面就只能是輔助，實際屋況還是要拆除後才可得知，變動也最好經過結構技師和建築師檢視後再決定。

Q. 不需拆除或列管緩拆的違建，其實也不動照樣維修也沒關係？

A. 老違建通常是一開始就無視對原始建物造成的影響加蓋改建，而且不少本身就有結構問題，為了居住安全考量，最好還是依據圖面恢復原狀，一勞永逸，或是起碼根據圖面補強結構。

📖 裝修名詞小百科

建築物原始建築圖： 包括平面圖、竣工圖原始尺寸的大小，是建築物建造時申請建築執照和使用執照的原始圖面，存放在政府主管機關，可徹底了解房屋原始狀況。

結構平面圖和配筋圖： 結構平面圖和配筋圖皆由結構技師配置。結構平面圖上的元素有編號，編號可對應配筋圖。根據結構平面圖和配筋圖，可以知道建築物是否耐震、符合法規。

😊 老鳥屋主經驗談 —— Ellen

老家想要翻修，跑去臺北市政府申請建築物原圖。快四十年的老屋圖面其實非常簡單，甚至看不太出來結構牆的位置，但是總能看得出來二十幾年前牆面改動的情況，對於重新隔間和思考動線幫助頗大。

DIY 丈量空間，畫出平面圖

👌 照著做一定會

O1 手繪平面圖前的準備工作

Point ⯈ 準備測量工具

捲尺（5 公尺長）或雷射測距儀、筆（不同顏色共 3 支），紙（A4 以上大小）、手機或相機，這些都是測量時會用到的工具，要先準備妥當。

Point ⯈ 準備繪圖紙

方格紙、描圖紙：除了上述用品，也要先到文具店買方格紙與描圖紙。方格紙上面有很多大大小小的方格，利用它來標示尺寸非常便利。（兩種用紙分別會在以下的步驟 5、步驟 8 會用到）

O2 手繪平面圖步驟

步驟 1 ⯈ 測量時的草稿

先觀察整體隔間狀況、相對位置，將它大致畫在白紙上，要先畫出牆厚（用雙線），按尺寸放圖時比較不會出錯。隔間、樑位及測量尺寸用不同顏色的筆標示。

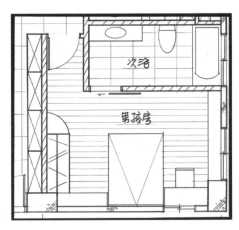

圖片提供 _ 陳鎔

步驟 2 ⯈ 測量進行方式

選擇一個定點（通常是入口大門旁），依順時鐘方向逐一量出長度（以公分為單位）並且記錄下來。要注意窗戶以及門的位置。

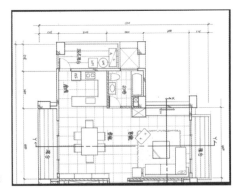

圖片提供 _ 陳鎔

步驟 3 ▶ 測量時的重點

樑的高度、深度，窗的高度、台度，以及天花總高、陽台寬度等，都要詳細記錄下來，以便日後參考。

詳細的紀錄高度尺寸是畫圖相當重要的步驟。　圖片提供 _ 朵卡空間設計

步驟 4 ▶ 測量後的拍照

利用數位相機將整個屋況拍下來，尤其是一些比較奇怪的角落，或是複雜的結構部分。

步驟 5 ▶ 繪圖的順序

拿出方格紙從草圖最旁邊的一點開始，先確定所占的大概範圍，將你所量得的尺寸，同樣依順時鐘方向畫在紙上。

除了手繪平面圖外，重要的位線及管線裝置，也可在房子壁面上作記號。　圖片提供 _ 朵卡空間設計

步驟 6 ▶ 尺寸的長度

在方格紙上，最小的一格（即0.2公分）代表實際上 10 公分長度。舉例來說，如果你量得50 公分的長度，則要在圖上畫5 個小格的距離；（也就是 1 公分長）；如果你在現場量得 350公分的話，就應該在圖上畫 3個方格，加上兩個半小格的距離。

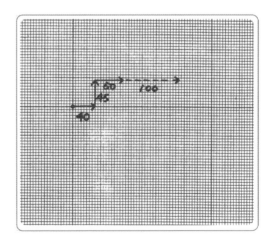

步驟 7 ▶ 完成與修正

依循上述方法，你就可以完成一張室內 空間的平面圖（比例是 1:50）。有時候，畫到最後、回到原點時，會因誤差而無法連上，但只要相差小於 20 公分就沒關係，直接連上即可（有時是牆面不直等因素造成的）。若誤差太大，表示測量有誤，那就要再檢查一次，找出問題點。

步驟 8 ▶ 準備描圖紙

將透明的描圖紙蓋在畫好的方格紙上，重新用筆、尺將線條畫在描圖紙上，平面圖就完成了！

O3 免費室內設計軟體

手繪以外，現在越來越多免費的室內設計繪圖軟體，能夠畫出精美的 2D 和 3D 圖，而且不像都必須用電腦繪圖，現在還多了用手機或平板就能畫的 App，從可以畫出近乎專業圖面到簡單容易使用的都有，不妨找來試看看。

軟體名稱	功能
SketchUp	老牌空間設計免費軟體，模型多，強大好用。
Floorplanner	也算老牌線上軟體，可畫出手繪效果。
Sweet Home 3D	與 SketchUp 一樣可以離線單機使用，使用率也相當高。
Planner 5D	有手機 App 版，可以在 Android、 iOS 上使用，相當易學。
HomeStyler	可同時瀏覽 2D 和 3D 圖，3D 還有實境功能

3D 圖的目的是讓屋主可以看到完成實景的模擬，便於理解與想像設計內容，對空間概念較弱的人很有幫助。
圖片提供 _ 朵卡空間設計

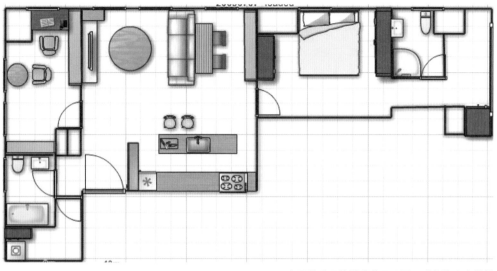

自己動手用軟體畫的平面圖，或許沒有專業的符號標示，但軟體內都有足夠的元素做出完成度高的圖。　　　圖片提供 _ 朵卡空間設計

?? 裝修迷思 Q&A

Q. 我家坪數不大，但有一房多用的需求，只能大動土木來拓增嗎？

A. 可以運用折門或玻璃隔間等建材，適時將空間轉換成密閉或半開放，形成彈性隔間，除了能讓空間得到活用，還可節省金錢。

Q. 家中空了一個和室，但其實用的時候不多，利用上還有什麼辦法？

A. 和室可以兼做書房、衣帽間，也可以兼當儲藏室，而開放式廚房則可以節省與餐廳間的走道面積等，這些做法都可以增加很多空間運用的彈性。

📖 裝修名詞小百科

中格：即 1 公分 X 1 公分。看你畫好的方格紙上有多少個「中格」，每十個中格表示的面積約 0.76 坪。假設你的房子共 500 個中格，則面積約 38 坪（500÷10 X 0.76=38）。

雷射測距儀：以雷射光束到達測定物的時間換算測量距離的儀器，因為可以測量到難以構到的地方，也不用爬上爬下拉尺，雖然會有誤差，不少專業人士還是會以此取代捲尺。一台基本型的約 NT. 1 千多元。

👤 老鳥屋主經驗談 ── Windy

丈量時一定要連高度和每個轉折都量進去，否則真的拿出來用，缺這個長缺那個高，來來回回好幾次讓人受不了；平面圖也最好乖乖照比例畫，否則溝通時很容易被不對的比例干擾誤導空間大小。

發包
體檢
預算
設計圖
空間配置
建材
收納
隔間
照明
配色
法規
工班
報價單
裝修時程
合約
基礎工程
設備工程
裝飾工程
軟裝搭配
驗收
入住

認識 & 看懂設計師的設計圖

照著做一定會

O1 與設計師的合作方式

Point ➤ 純做空間設計

在完成平面圖後,就開始簽約支付設計費,多半分 2 次付清,設計師要提供屋主所有的圖,包含平面圖、立面圖及各項工程的施工圖,如水電管路圖、天花板圖、櫃體細部圖、地坪圖、空調圖等數十張。此外,設計師還有義務幫屋主跟工程公司或工班解釋圖面,若所畫的圖無法施工,也要協助修改解決。

Point ➤ 設計連同監工

不只是空間設計還必須幫屋主監工,所以設計師除了要提供上述的設計圖及解說圖外,還必須負責監工,定時跟屋主回報工程施作狀況(回報時間由雙方議定),並解決施工過程中的所有問題,付費方式多分為 2 ～ 3 次付清。

O2 收費方式及內容

項目	計價方式
以坪數收費	大多是實做的室內面積來計算,而非權狀面積,在諮詢時要特別留意。用「坪數」來計算的設計公司,其設計費的收取,依據設計師的資歷經驗與口碑,從剛入行的一坪 NT.3000 元到知名設計師的一坪 NT.1 ～ 2 萬元都有。
單案定價	有的設計案如外觀包覆、庭園設計、夾層小坪數等,因為設計複雜度高,較不適合用坪數計價的特例,所以這類的案件設計師會直接在報價單中,開出一個他覺得合理的收費金額,從 NT.3 ～ 10 萬元不等。
僅收設計諮詢費	有設計師不採取傳統的收費方式,而改以收取一次定額的設計諮詢費,服務內容是協助屋主找到適合的風格設計、傢具配置、並繪製簡單的設計圖供屋主參考及想像,協助處理整個裝潢流程進度,但不參與報價及工程施工。諮詢費用每次 NT.5000 ～ 9000 元不等,適合願意自己動手發包的屋主。
監工費	在不透過設計師發包的情況下,不見得設計公司會願意提供監工服務;如果願意監工,一般慣例監工費會大概是總工程費的 5% ～ 10%,屋主自己發包的話,則是一次收取定額服務費的方式,大概北部 NT.4 萬 5 千元起跳,看工程的大小及複雜度可能價格會不同。

03 認識設計圖

Point ► 原始隔間圖

設計師在完成丈量後,會先給空間原始平面圖,上面會標示管道間位置及門窗位置,屋主可以先找到出入口、確定方位,了解整個空間格局現況。

入口

圖片提供＿今硯室內裝修設計公司

Point ► 水電配置圖

包含插座、電話、網路、電視出線口的位置及出線口的高度,還有數量。

符號	名稱	數量	符號	名稱	數量	符號	名稱	數量	符號	名稱	數量
◣	總開關箱		TV	電視插座		▬	長型地板落水口		◄──►	軌道燈出口	
C	弱電箱		T	電話插座		●	馬桶落水口		▬▬	間接T5燈出口	
IC	對讀機		C	網路專用插座		▲	臉盆落水口		■	抽風扇出口	
S	單切開關		S	開關迴路開關		✱	空調排水口		A/C	空調室外機	
S₂	雙切開關		⊌	冷熱給水口		⊕	主燈出口		▭	空調室內機	
⊖	雙插座		⊥	馬桶給水口		○	吸頂燈出口		SP	喇叭出口	
⊘	專用插座		₅	陽台給水口		o	崁燈出口				
⊕	地板插座		∅	地板落水口		◖	壁燈出口				

<弱電插座圖>

磚砌隔間 ▬▬▬
木作隔間 ▭▭▭

圖片提供＿今硯室內裝修設計公司

<給排水圖>

圖片提供＿今硯室內裝修設計公司

發包
體檢

預算

設計圖

空間配置

建材

收納

隔間

照明

配色

法規

工班

報價單

裝修時程

合約

基礎工程

設備工程

裝飾工程

軟裝搭選

驗收

入住

Point ▶ 櫃體配置圖

確認櫃體包含衣櫥、收納櫃等等位置是否符合需求。

圖片提供 _ 朵卡空間設計

Point ▶ 木作立面圖、木作內裝圖及側面圖

木作立面主要是要確認櫃子的形式、寬度、高度及材質；木作內裝圖則是確認櫃子內部
的設計包含抽屜或層板等等。木作側面圖則是確認櫃子的深度。

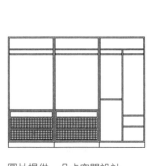

圖片提供 _ 朵卡空間設計

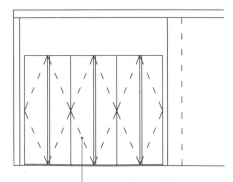

▬ 系統櫃、櫃體 #110，櫃門水晶門板 #3025

Point ▷ 門窗 + 樑尺寸圖 + 天花板照明

通常設計師會在門窗位置標上尺寸圖，要知道門窗的尺寸，就要先認識一下圖上標示的代碼。樑會影響到空間的規劃，要先確認樑的位置，通常樑是以虛線表示；並確認天花板的位置及高度，照明的方式包含燈具的的位置及型式。

WH：窗高（窗台高＋窗戶高）
DH：門高　　BW：樑寬
BH：樑距離天花板的高度
CH：木作天花板高度
⊕：吊燈或主燈
○：吸頂燈
Ⓢ：開關
Ａ／Ｃ：冷氣室內機

圖片提供 _ 朵卡空間設計

發包
檢體
預算

設計圖

空間配置
建材
收納
隔間
照明
配色
法規
工班
報價單
裝修時程
合約
基礎工程
設備工程
裝飾工程
軟裝選搭
驗收
入住

O4 看懂平面圖步驟

圖片提供 _ 今硯室內裝修設計公司

Point ▶ 步驟 01 先找到入口位置

很多人拿到平面圖不知從那裡開始看起,建議 先找到入口位置。從入口位置出發,找到接下來的空間,像是客廳→餐廳→廚房→主臥房……等,循序比對每個區域在整體空間的位置。

Point ▶ 步驟 02 了解空間之間的關係

入口到客廳之間有個玄關,餐廳規劃為客廳的一部分,廚房緊鄰餐廳,後面就規劃洗衣間;再來回頭看看主臥房和公共空間的位置,或者小孩房和主臥房的關係, 有助於建構區域關係的概念。

Point ▶ 步驟 03 觀察空間區域比例大小

從平面圖可以觀察各空間區域的比例大小關係。先找出核心區域,像是喜歡全家在客廳聊天看電視的,客廳比例就要大一些;習慣在家用餐或者在餐桌看書的,餐廳區域就寬一點。

Point ▶ 步驟 04 注意跨距尺寸

平面圖上會標明大跨距尺寸,可從總長寬去對應了解各空間的尺寸關係。

Point ▶ 步驟 05 注意設計說明

設計師會在平面上拉說明線,作為解釋各項設計的功能。

05 圖面細節注意事項

項目	內容
先以家庭結構規劃空間格局	依據居住成員考量規劃。將長輩房離衛浴近一點較安心;小孩房規劃在主臥旁便於照顧;在家工作又想和家人互動,就將書房與客廳規劃同一區。
規劃主要動線	主要軸線構成主動線,主動線再串起其他空間,便能將移動到各區域的路徑縮短。
從生活習慣分配坪數	評估自己和家人最喜歡待在什麼區域,就規劃大一點的坪數,居住起來才舒服。
通風與廚房位置	廚房規劃在通風良好的地方且注意瓦斯爐前不要開窗,避免爐火被風吹熄、造成瓦斯外漏危險。
開門方向	一般分為左開、右開。方向應該以需求與使用習慣考量,也要考慮到會不會影響到邊櫃設計。
採光窗為主要活動空間的位置	將空間的主要採光面留給主要活動空間,居家空間顯得明亮舒適。
居家風水位置	若在意居家風水,從平面圖可以看出一些常見的禁忌應對。比如沙發與床避免在樑下、同一面牆存在兩扇門、廚房內有廁所等。
空間收納櫃配置規劃	從平面圖先定義各空間收納櫃體的規劃。

?? 裝修迷思 Q&A

Q. 對設計師規劃的空間配置不滿意,反正是自己發包、找工班,只要自己調整、調換就好。

A. 建議告訴設計師你的需求、更改圖面。設計師的圖面會牽涉到動線、水電配置等,自行更動配置,怕施工時會遇到管線遷移問題,或完成後卻發現動線不順,反而更麻煩。

📖 裝修名詞小百科

監工費:全名應叫「監工管理費」,是屋主委由設計師或統包工程的工頭,在工程施作業期間代為監看工程進行所必須支付的費用,監工費的支出主要作為與工程進行之溝通、流程掌控、品質控管與車馬費等支出。

諮詢費:顧名思義就是業主拿圖面請設計師給予空間設計建議,但不進行設計時,所收取的費用,若是至現場丈量,也會有所謂的勘查費或車馬費。台灣設計公司收諮詢費情況不一,建議先詢問是否收費較為妥當。

🏠 老鳥屋主經驗談 —— MAX

有些地方的做法從平面圖上比較難懂,設計師就詢問我需不需要 3D 圖,不過他也有補充 3D 圖要另外收費,我心想與其無法想像做出來的樣子,不如多花點錢讓自己安心。

平面配置大原則

照著做一定會

O1 確認需求與順序

詳細定義生活習慣怎麼怎麼運用到未來空間,針對每個人所列需求,依其重要性作順序排列,就能清楚了解。坪數有限的狀況下則依照自己居家習慣、調整適當的比例大小。

O2 使用上的合理性

空間與空間之間亦需具備連貫與合理性,也就是動線的合理和順暢。如餐廳與廚房相鄰、家中有長輩,長輩房間就要離衛浴近些、廚房內水槽、爐台與冰箱的動線配置,玄關位置能順手可收納鞋帽傘具等。

O3 用「圓圈分配法」做格局規劃

將每一個空間簡化成大大小小的圓圈,每個圈所佔的面積,等於該空間大約的理想坪數。接著在平面圖上多試幾種不同的排列方式,以找出最好的配置方法,確定之後,將它們轉換成直線條的隔間,這樣一來,平面配置圖的雛形就出現了。

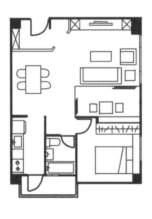 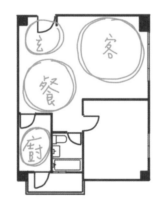

將空間簡化成大小圓圈,確定位置。

O4 用「膠帶法」實地感受動線

規劃成果是實際上屋內格局以及傢具擺放位置,準備一綑細的有色膠帶,捲尺及一把板凳,將隔間及傢具位置用膠帶框在地上和牆上,在屋內模擬平常生活移動的動線,板凳來取代任何座椅,坐下來感受,比起看 3D 圖更精確。

將彩色膠帶按照預定的隔間和傢具擺放位置貼在地上，模擬生活動線試走幾次，例如從入門到玄關到臥房，感受真實氛圍。
圖片提供 _ 朵卡空間設計

沒有膠帶的時候，用捲尺拉出預定傢具的尺寸往地上一擺就可以了；對於有高度的傢具，坐下來和站著看視野完全不同，記得搬張板凳坐坐看感覺一下。如圖用油漆桶代替差不多坐高的沙發。
圖片提供 _ 朵卡空間設計

?? 裝修迷思 Q&A

Q. 每個家的房間應該要各自規劃、做獨立隔間，越多間才覺得賺到？

A. 過多的隔間規劃將會讓每個空間變得狹小、有壓迫感，光線也因為被隔絕而顯得昏暗。適 當的開放空間設計，或賦予同一房間兩個以上的功能，彈性的規劃方式才能真正提升居住環境品質。

Q. 裝修千頭萬緒，根本來不及想廚房要添購哪些設備，反正請設計師靠經驗幫我配就好？

A. 最好是能確認設備種類與數量，例如：可以先考慮原有使用的電器，視情況將可能增加的產品預先保留管線，再整體配置相對應強弱電與插座位置，減少日後使用上的困擾。

📖 裝修名詞小百科

丈量圖：又稱為測繪圖、現況圖，為設計師第一次至現場所需繪製的初始圖面，也是為屋況進行體檢，並訂出方位與格局，必須繪製此圖，才可能有之後的其他設計圖面產生。

彈性隔間：就是較具彈性的隔間方式，若是有 一房多用的需求，建議可以規畫為多機能空間，運用折門或玻璃隔間適時將空間轉換成密閉或半開放。公共區域也能利用具穿透感材質或是可移動的門片、櫃體等，達到開闊以及具遮蔽的效果。

🏠 老鳥屋主經驗談 —— Tina

建議拿到所有設計圖面之後，最好花一個禮拜的時間自己先消化過，動線和插座、收納等一些機能，不妨先模擬一遍自己回家後的習慣，然後再將有疑問的地方寫下來和設計師討論，最後修改出來的平面規劃更能符合全家人的需求喔。

發包 體檢
預算
設計圖
空間 配置
建材
收納
隔間
照明
配色
法規
工班
報價單
裝修 時程
合約
基礎 工程
設備 工程
裝飾 工程
軟裝 選搭
驗收
入住

空間配置計劃

居家空間配置可分公共空間、私人空間、服務性空間，針對居家的屋況來做最適合的規劃，預售屋即時掌握客變時機調整空間；新成屋則思考如何用最大限度的保留現有格局和建材設備；中古屋則改善陳舊的體質，強化硬體本身。

重點 Check List！

☑ **O1 玄關規劃重點**

玄關是具備轉換回家心情緩衝的空間，可將住家內部做隱密區隔和落塵區，隔絕室外吵雜與進門灰塵。 →詳見 P046

☑ **O2 客廳規劃重點**

客廳是家人聯絡感情鬆的場所，也是親友來訪入門後的第一印象。→詳見 P048

☑ **O3 餐廚規劃重點**

餐廚合一的尺寸比例，擺脫過去主婦一人單純料理的封閉空間，餐廳也是家中成員最常使用的空間。 →詳見 P051

☑ **O4 衛浴規劃重點**

衛浴空間可分乾濕區兩大部分來思考，一是洗手檯和馬桶的乾區，二是淋浴空間或浴缸的濕區。 →詳見 P054

☑ **O5 主臥、更衣間規劃重點**

臥房裡，床佔了大比例的空間，床是動線規劃首要考量，想有充裕的開放空間，請優先考慮床的寬度。 →詳見 P056

☑ **O6 小孩房、長輩房規劃重點**

小孩房和長輩房在特殊生活習慣及身體的適應問題要更多注意。→詳見 P058

☑ **O7 和室空間規劃重點**

和室是一個多元性空間，妥善運用會增值空間的使用性、但設計不好也就破壞空間整體感，也浪費了有效坪數。 →詳見 P060

☑ **O8 書房、陽台、神明廳規劃重點**

規劃完善的書房，要確定使用的模式，思考為較正式的辦公區還是可與其他空間相結合；和室則要注重動線位置，強調與其他區域的差異性；傳統神明廳裝潢時可和空間一起規劃，利用色彩與隔柵虛化神明桌的突兀感。 →詳見 P062

職人應援團|

職人一　蟲點子創意設計　鄭明輝

掌握和室基本元素，成為多功能使用領域

和室設計得宜，將可形塑為多功能使用的領域，善用牆面的層板，讓在和室內也能擁有開放式的展示空間。以純白、木質、玻璃和清水模的灰調元素和材質，打造清爽、簡約的生活樣貌，全室鋪上木地板，更大幅提升生活的舒適感。

職人二　文儀室內裝修設計有限公司　李紹瑄

溫潤原色木材，讓形式與色調完美融入家中風格

神桌背後一定要靠牆面，盡量避免正對大門口。建議神明廳最好以視野開闊為佳，搭配上良好的採光，代表「明堂寬闊」的好風水與視野，為家中帶來好運；除此之外，好的設計能扭轉既往神明桌的傳統印象，同時讓整個家更具一致感。

雙層可拉式設計，使用起來更靈活便利，又添現代感。　圖片提供 _ 文儀室內裝修設計有限公司

玄關規劃重點

O1 燈光設計營造溫暖氛圍

玄關一般少有開窗,要讓自然光透入。因此,玄關處設置燈具有其必要性,能依照不同的風格選擇燈具,設置吊燈在天花板或者於牆面一側。如果不喜歡燈光的直射,也能買立燈,讓光線朝上,呈現溫和氣氛。

O2 為玄關牆面製造風景

玄關牆面色調是進入住家的第一印象。由於大部分玄關空間及光源有限,最好以不壓迫且清爽開闊的粉色系為主,如米白、淺藍、亮橙、淺綠等。如果玄關還算開闊,不妨在牆面粉刷上做些工法,如粉刷紋路或鑲嵌等,或是掛畫和家族照片等,作為玄關端景,也讓客人在等候主人時可駐留欣賞。

O3 局部穿透感遮蔽風水疑慮

一入家門便看到客廳、廚房,甚至是廁所,這是華人所忌諱的玄關風水,當玄關坪數小時,不妨在玄關規劃上加入屏風、透光強的玻璃材質或格柵,或是採用櫃體做隔間,能保留空間的穿透感,也不會浪費坪效。

玄關後方設置為屋主閱讀、工作區,淺白格柵與牆面溫暖芥末黃搭配,簡單卻很有味道。　攝影_沈仲達

O4 落塵區讓清掃變容易

如果不希望把灰塵帶回家中,玄關處能規劃落塵區,出、進門時可在這裡穿鞋、換室內拖鞋等,讓外出後帶進來的灰塵集中於此,清掃也相對容易,而落塵區的地板要具備耐磨、易清洗,如磨石子地坪、粗糙面的石英磚;同時區隔客廳,也儘量不要與客廳地板材質完全相同。

利用相異地坪材質做出區隔,維持室內空間的完整與寬闊感,也做出些微段差,讓內外分界更為明確。
攝影_劉士誠

O5 多功能玄關櫃且注意透氣

玄關處的收納櫃體，常結合鞋櫃、雨衣收納，若為密閉設計，櫃內氣味難免五味雜陳，可在櫃體的上下規劃透氣孔，搭配每日使用開闔換氣，盡可能讓櫃體保持清爽乾淨。也可為玄關設置穿鞋椅，多人同時進、出門時，就能讓穿鞋時更有效率且不擁塞。

?? 裝修迷思 Q&A

Q. 玄關入門看到大樑，不想降低天花板高度，怎樣比較省？

A. 利用局部造型天花板修飾大樑，也可以讓玄關、餐廳與客廳有所區隔。因為只有局部施作，其他部分還是用平釘天花板設計，這樣既不會降低天花板的高度，產生空間壓迫，也可讓裝修的費用降低。

Q. 木地板與磁磚地板高低差沒統合，玄關矮一截，延伸感沒了？

A. 自行發包這種狀況還滿常見的，溝通只要漏掉一個環節，就會發生和預想不符的情形。玄關的位置比其他地方低3公分其實也是一個叫「落塵區」的設計，透過高低差把門外或是鞋底的灰塵集中在低漥集塵區；但若是無法接受，另一種方式是修改玄關門扇，加高門檻。不過，以 NT.15 萬元的門為例，光改門可能會花 NT.3 萬元。

裝修名詞小百科

雙玄關：以內外玄關門的設置，來鋪展居家門面的氣派，打開內玄關門即可透視來訪對象，基本款為採用鍍鋅鋼板的設計。

穿堂煞： 大門正對後門或後落地窗而中間沒有阻隔，進出之間拉成一條線，形成前門對後門的穿堂風，致使家中之氣不易聚集，旺氣直瀉而出，除了不易聚財、容易破財之外，屋主要注意心臟方面的循環問題。

老鳥屋主經驗談 —— Janice

因為我家格局問題，導致玄關產生畸零空間，最後利用櫃子修補畸零空間，若空間深度超過 20 ～ 30 公分，可以設計輕薄型的收納鞋櫃，一來可以修掉壓樑問題，也可以增加空間收納，算得上是一舉多得。

客廳規劃重點

照著做一定會

O1 主牆面與沙發的比例拿捏

主牆的長度很重要,會影響沙發組的擺設,二者之間需有一定比例。一般主牆面寬多落在 4～5 公尺之間,最好不要小於 3 公尺,而對應的沙發與茶几相加總寬則可抓在主牆的 3／4 寬,舉例來說,4 公尺主牆可選約 2.5 公尺的沙發與 50 公分的邊几搭配使用。

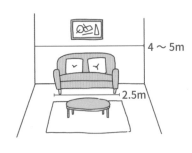

先確定主牆長度為客廳空間配置首要工作(左圖);另外主沙發背牆不一定都是連續平面,也有因應格局而將沙發放在樓梯側面,此時要從截斷面開始計算主牆面與沙發的比例拿捏(右圖)。

O2 電視尺寸依據客廳縱深選用

縱深,是指從沙發的主位到電視櫃的距離,這個距離代表客廳的大小,以及看電視的遠近,最好有 380 公分。而電視尺寸則依沙發與電視牆之間的距離而定,也就是用電視的吋數乘以 2.54 得到電視對角線長度,再以此數值乘 3～5 倍就是所需空間距離。

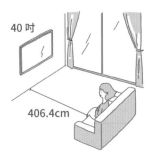

例如 40 吋電視 X 2.54 得到 101.6 公分(對角線長),再 X 4 倍等於 406.4 公分,意即 40 吋電視應有約 4 公尺左右的觀賞距離。

O3 注意電視牆、櫃的整合收納

隨著液晶電視愈做愈薄,僅需 6 公分厚的懸掛式電視牆,漸漸取代舊有電視櫃的功能。若仍需電器櫃者可轉為一道簡單的層板或結合影音器材櫃的規劃,這類櫃體高度多會建議設計離地約 45 公分左右為最佳,深度則以影音器材櫃的 60 公分為主。

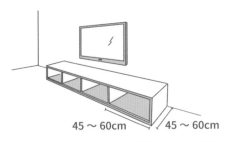

除了機體本身的深度,櫃體內也需考量散熱空間、電線的厚度以及未來更換的可能。

04 空間常見配置

配置類型	說明	示意圖
方形格局＋ 牆面尺度被限縮	方形空間的深度和寬度都有所限制，建議以一字型的沙發為配置基準。 2 人座沙發寬度為 160～190 公分左右，因此若牆面寬度小於 250 公分，選用 2 人座沙發為佳。	 330cm　50cm　75cm　75cm　25cm　105cm
長形格局＋ 一字型沙發	由於空間縱長拉寬，因此可將沙發放置長邊。若想採用 3 公尺的 3 人座沙發和 50 公分的一張茶几，至少要留出 3.5 公尺長為佳。 並加上櫃體或屏風遮掩，避免入門容易被看見，保有空間隱密性。	 300cm
長形格局＋ L 型沙發	常見的 L 型沙發多為三人座加二人座的形式，或是三人加單人轉角椅及腳凳的組合。 無論那一種總面寬大約都要 3.5 公尺左右，因此想配置 L 型沙發的客廳，主牆面寬最好大於 3.5 公尺，盡量在 4 公尺以上，以免感覺擁擠。	 350cm　400cm

客廳沙發不能無靠,但實牆既占空間,又阻擋光線,設計師用原木與壓花玻璃做成牆面,擁有穿透性與設計感,但又能保有隱密性,代替了厚重實牆。圖片提供_原木工坊

?? 裝修迷思 Q&A

Q. 老屋客廳光線不好,若要改善,怎麼做?

A. 改善採光的方式很多,有的老屋因為窗戶太小,所以採光不佳,可將窗戶改成大窗或八角窗,引進更多光線;室內地板材質選擇可折射光線的,例如拋光石英磚或白橡木地板,並加照明作為改善方法。

Q. 在客廳主牆面上貼壁紙,是因為省錢嗎?

A. 壁紙在花色和樣式上都比以往多彩多姿,若以價格來看,壁紙單價較油漆便宜,而壁紙因為產地與設計不同,從 NT.5 百元～ NT.1 萬元都有,如果壁面情況不錯,建議可多使用,讓空間層次多樣化。

📖 裝修名詞小百科

樓梯升降椅:適應不同樓梯造型,並在不破壞住家結構的情況下,進行客製化設計,且加裝不斷電系統,讓樓梯升降椅不會因停電而無法使用,年長者在使用上更安全。

廣角窗:主要特色在於其主體結構突出外牆,型式包括三角窗、六角窗、八角窗或圓弧型等。開窗方式概分為推射式與橫推式兩種,目前以鎂鋁合金材質為最佳。

👤 老鳥屋主經驗談 —— KiKi

觀看電視的高度取決於坐椅的高度與人的身高,一般人坐著時高度約為 105 ～ 125 公分,因此高度平視則可抓出電視的中心點,也就是電視中心點約在離地 90 ～ 115 公分左右的高度最適宜。

PART **3**

餐廚規劃重點

照著做一定會

01 餐廳定位先考量餐桌人體工學

Point ▬ **餐桌與牆面保留 70 ～ 80 公分間距**

如何讓用餐空間呈現舒適感，避免傢具「卡卡」是一門學問。空間要首先定位的是餐桌，無論是方桌或圓桌，餐桌與牆面間最少應保留 70 ～ 80 公分以上，讓拉開餐椅後人仍有充裕轉圜空間。

Point ▬ **位於動線時餐桌離牆 100 ～ 130 公分**

餐桌與牆面間除保留椅子拉開的空間外，還要保留走道空間，必須以原本 70 公分再加上行走寬度約 60 公分，所以餐桌位於動線時，離牆應至少有 100 ～ 130 公分，以便於行走。

預留兩人相錯的空間，一個人正面前進需要的空間為 55 ～ 60 公分，為了讓兩個人能錯身而過，需要有 110 到 120 公分的空間。

02 依餐桌高度約 75 公分選擇合適餐椅

目前無論何種樣式桌高都落在 75 ～ 80 公分之間，若需要兼作書桌或咖啡桌則建議選擇較低款，約 75 公分以下可久坐較舒適。而為配合餐桌，餐椅高度多落在 60 ～ 80 公分左右，其中椅腳高約 38 ～ 43 公分，座面寬約 45 ～ 48 公分，座深則約 48 ～ 50 公分。

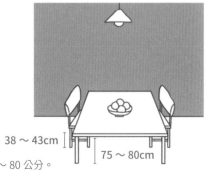

搭配人體坐姿高度，桌高約在 75 ～ 80 公分。

O4 廚具依五金、家電制定尺寸

流理檯面而言，需依照水槽和瓦斯爐深度而定，常見的深度為 60～70 公分。常見小坪數居家的一字型廚具，總寬度以 200 公分以上為佳；若為 L 型廚房則長邊不建議超過 280 公分，否則容易導致動線過長影響了工作效率。

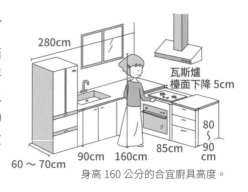

瓦斯爐
檯面下降 5cm

280cm

80
～
90
cm

60～70cm　　90cm　160cm　85cm

身高 160 公分的合宜廚具高度。

O5 空間常見配置

配置類型	說明	示意圖
餐廳、廚房各自獨立	獨立餐廳分長方形與正方形格局，長方形格局建議選用長桌，至於正方形餐廳則不侷限何種餐桌形狀，擺上餐桌椅後仍需留有約 60 公分的行走空間。	
一字型餐廚	若是單排廚具櫃，其走道至少有 75 公分寬，才方便操作。空間寬度足夠，深度不足的情況下。深度至少需有 295 公分。	60cm（兩人可通過）90cm 75cm（椅子可向後拉）70cm
一字型餐廚＋中島和餐桌合併	空間寬度足夠，深度不足且居住人數少的情況下。深度至少需有 280 公分。	60cm（一人可通過）75cm 75cm（椅子可向後拉）70cm
一字型廚房加上中島＋餐桌獨立	空間深度足夠的情形下，可讓中島、餐桌各自獨立，若餐桌與中島垂直的情況下，深度至少需有 390 公分。	60cm 75cm 60cm 120cm（一人可通過）75cm
L 字型餐廚、餐桌獨立	空間寬度和深度至少都需在 295 公分左右。	295cm 75cm 75cm 60cm 120cm

扁長格局的開放式廚房面積有限，兩側長邊的一側是入口，另一側是採光窗，讓整間廚房毫無遮掩。窗邊配置水槽與料理檯，灶位則移到入手右側，則可放心地開窗讓空氣流通，又不必怕會影響到爐火。圖片提供 _ 亞維設計

?? 裝修迷思 Q&A

Q. 開放式廚房一開伙就「火大」？

A. 開放式廚房盡量打開空氣清淨機放在旁邊，窗戶保持通風，並關起房間門。如果習慣大火烹調，卻堅持要開放式效果，可用玻璃隔間解決屋主的需求，如此「效果仍是開放，但實質上則可以隔離油煙」。

Q. 舊餐桌椅色彩與新居不合，不想花錢買新的怎麼做？

A. 利用色彩融合，例如原本胡桃木色的傢具，與淺色系空間不合，可送到傢具工廠重新上色；也能購買油漆DIY，通常千元內就搞定，想質感更漂亮，甚至能找廠商幫你上烤漆。

裝修名詞小百科

人造石檯面：人造石的計價方式是採「公分」制，可塑性極高，易做造型設；耐 160 ～ 180 高溫與耐酸鹼，表層可進行研磨、拋光處理。

黃金三角形動線：廚房主要工作大致在水槽、瓦斯爐、冰箱三個基點上，將這三點連接而成的三角形就稱為工作三角形，最理想的動線安排就是規劃成正三角形。

老鳥屋主經驗談 —— 小龜

工班師傅有提醒家裡瓦斯爐和抽油煙機的排煙管要盡量靠近，通常位置會靠近後陽台，這樣比較容易將油煙順利排放到室外。另外排油煙管的長度也不宜過長，會影響抽風效果，此外也要減少轉折，避免抽風時聲音過大或排氣不順暢的問題發生。

衛浴規劃重點

照著做一定會

O1 動線首重馬桶和洗手檯位置

Point ▸ 洗手檯後方需留一人通行約 80 公分距離

一般來說一人側面寬度約在 20 ～ 25 公分，一人肩寬為 52 公分，若要走得舒適，走道需留 60 公分寬。因此是一人在盥洗，一人要從後方經過，洗手檯後方需留至少 80 公分寬以（20 ＋ 60），才最合適。

20cm　60cm

衛浴空間若是增加兩個洗手檯，就必須考慮到會有多人同時進出盥洗的情形。

Point ▸ 馬桶前方留出 60 公分空間最重要

馬桶尺寸面寬大概在 45 ～ 55 公分，深度為 70 公分左右。由於行動模式會是走到馬桶前轉身坐下，因此馬桶前方需至少留出 60 公分的迴旋空間，且馬桶兩側也需各留出 15 ～ 20 公分的空間，起身才不覺得擁擠。

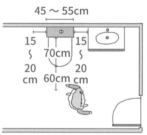

45 ～ 55cm
15～20cm　70cm　15～20cm
60cm

空間設計符合人體工學尺寸，使用上將更為舒適。

O2 先考量硬體再決定風格

硬體設施的定位及天地壁的顏色都會影響空間感。建議先將佔據最大空間的硬體，如洗手檯、馬桶、浴缸（或淋浴間）定位，先考慮平面（硬體配置），再決定風格和天地壁的顏色，像坪數較小的浴室，以純白、素雅及乾淨，視覺效果下空間就會變大。

O3 防潮、防滑材質空間更安全

材質方面，石材與磁磚是一般的主流，但也有馬賽克、洗石子等都有不錯的效果；另外浴櫃收納最怕溼，尤其盥洗面盆下方斗櫃還會有管線問題，所以可選用人造石、鏡面、玻璃、鋁框等防水材質延長使用壽命，下方管線則可用門片加拉籃方式，與管線做區隔。

04 空間常見配置

配置類型	說明	示意圖
馬桶、洗手檯和淋浴區並排（第一型）	在長形的空間因為尺度足夠，從門口開始配置洗手檯、馬桶和淋浴區，採用並列的方式。	90cm / 85cm / 85cm 150cm
馬桶、洗手檯和淋浴區並排（第二型）	若空間寬度足夠，可以將浴缸和淋浴區配置在一起。	90cm / 175cm 170cm
馬桶和洗手檯相對	在方形空間，由於空間深度和寬度尺度相同，馬桶、洗手檯和濕區無法並排，因此馬桶和洗手檯必須相對或呈L型配置，縮減使用的長度。	90cm / 60cm / 100cm

?? 裝修迷思 Q&A

Q. 把半套衛浴改全套要準備多少？

A. 多一間淋浴間要準備 NT.4 萬元～NT.5 萬元，所謂「全套」是指有完整的衛浴設備，如馬桶、洗手檯、浴缸或淋浴間；「半套」則指有馬桶及洗手檯，沒有淋浴設備。

📖 裝修名詞小百科

花灑：將傳統蓮蓬頭固定在牆壁、天花板或淋浴柱上，水由固定的花灑灑下，就不用手持著洗澡。

存水彎：最常見的就是臉盆下方的S型彎管，而在衛浴排水管道處也會有，主要功能為隔絕臭味、阻隔蟑螂和螞蟻，通常下方會附檢修頭，方便檢視與維修。

🏠 老鳥屋主經驗談 —— Janice

衛浴門不建議採用木設計，容易受潮！而衛浴用水的外漏而導致的潮溼，可針對「防水」作施作，並更換新的衛浴門與門框。

主臥、更衣間規劃重點

👌 照著做一定會 |

O1 房間 3 坪以上且採光足夠

過度窄小的空間容易讓人產生侷促感，一個房間最少也要 3 坪以上，使用空間才算足夠。主臥通常面積較大外，除了附專用衛浴，若坪數夠大，可再規劃更衣間等。而房間明亮、通風也很重要。對身體健康也較有助益。

O2 衣櫃依牆而放並留開門與行走空間

若是房間夠大，可以擺放衣櫃或書櫃，靠牆的位置是最好的。衣櫃打開不要打到床，因此之間的走道需留至 45 ～ 65 公分；若是一人拿衣服，後方可讓一人走動，則需留至 60 ～ 80 公分。

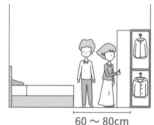

60 ～ 80cm

預留兩人可通行走道。

O3 床要有靠背主牆

床要有靠背，倘若擺在房子的正中間很浪費空間。此外不要放在一進門就看得見的地方，較缺乏隱私；理想的主牆應該包含床墊（寬 150 公分）、床頭櫃（60 公分 X 2）、預留縫隙（10 公分）以及化妝檯（105 公分），總共 385 公分。

O4 獨立更衣間可採開放層板設計

更衣間應以需求習慣和衣物種類做規劃配置，如果是獨立式更衣間，可採開放設計便利拿取衣物，而在轉角 L 型區域則建議採 U 或 ㄇ型的旋轉衣架，增加收納量且還能避免開放式層板可能造成的凌亂感。

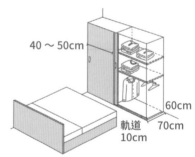

40 ～ 50cm

60cm

軌道 10cm

70cm

選擇衣櫃深度至少需 60 公分，但若衣櫃門片為滑動式，則要將門片厚度及軌道計算進去，此時深度要做至 70 公分較適當。

05 空間常見配置

配置類型	說明	示意圖
床居中 擺放	臥房空間大小影響選用的床的大小。首先決定床的位置，將床擺放在中間的配置方式，常見於空間較大的主臥，位置確定後，先就床的側邊與床尾剩餘空間寬度，決定衣櫃擺放位置，若兩邊寬度足夠，則要注意「側邊牆面」寬度若不足，可能會犧牲床頭櫃等配置，「床尾」剩餘空間若不夠寬敞，容易因高櫃產生壓迫感。	188cm 80cm 60cm
床靠牆 擺放	空間較小的臥房，為避免空間浪費，通常選擇將床靠牆擺放，床尾剩餘空間（包含走道空間），通常不足擺放衣櫃，因此衣櫃多安排在床的側邊位置，且空間允許下，會將較不佔空間的梳妝檯移至床尾處，或擺放開放式櫥櫃，藉此善用空間也增加機能。	60cm 45cm 152cm 少於 60cm， 深度不足做衣櫃

?? 裝修迷思 Q&A

Q. 臥房樑壓床風水禁忌如何改善？

A. 改善的方法有三種，一種是利用天花板設計包樑、二是可在樑子設計收納、三是利用改造木作設計，讓床頭不會剛好位於樑下。

Q. 臥房天花板太低高有壓迫感？

A. 挑高不夠，而產生空間壓迫感，這時不要設計造型天花板，天花板直接用上漆的方式，再利用燈光照明的設計，從下往上打，或利用垂直的壁紙，讓在視覺上有往上延伸效果。

裝修名詞小百科

吊衣桿：一般分為兩種形狀，一種是圓桿式的吊桿，為固定式施工較麻煩，但支撐力較好；另種是扁管式吊桿，組裝容易較美觀，但是支撐力稍差。

紡織壁布：一般有棉、麻、絲、羊毛等纖維織成表面層，具有調性柔軟、奢華的質感，由於纖維之間較為蓬鬆，可減少聲音的反射，具有良好吸音效果，適合用在臥房、視聽室等地方。

老鳥屋主經驗談 —— KiKi

面積較小的臥房可用具有收納功能的床架，且床具兩側或下方大抽屜能收納很多雜物，多功能呢！

小孩房、長輩房規劃重點

照著做一定會

O1 長輩房的特殊需求

Point ▸ 降低床的高度

由於長輩年紀較大，行動不若年輕人敏捷，房間內要避免高低地坪落差的情況，而床的總高度也應注意上下方便性 ；另外顧及父母安全，盡量維持傢具平整，房內傢具的側邊、轉角也應導圓修飾。

Point ▸ 燈光使用與衣櫃設計

最好在床頭的旁邊安排雙切式的開關，方便晚上起床上廁所時隨手打開，以免發生危險；而設計長輩房衣櫃時，多設計一些抽屜類的收藏空間，可存放一些歲月累積下來的物品。

樑下右半側打造衣櫃與層架，使臥房內部形成一個半開放的更衣間，且床旁設計小燈，利於夜晚使用。
圖片提供 _ 亞維設計

O2 小孩房的設計原則

Point ▸ 床的尺寸要多考慮

要為年齡較小的孩子訂製較小的床還是用標準成人床？其實以房子的居住時間和小孩的年齡來作判斷。譬如說，房子預計大概要住上五年到七年，若換屋時小孩還不到十歲，就可考慮訂製較小的尺寸（80 X 150 公分），以節省空間；相反，如果無法估算換房時間，或小孩可能到十歲以上，那設計還是為標準單人床（90 X 186 公分）。

Point ▸ 櫥櫃設計與風格布置

小孩活潑好動，比較少考慮自身安全，所以在設計櫥櫃時要盡量以圓弧狀，或採實木封邊導圓的手法；另外隨著小孩年紀成長，花俏造型不持久，建議家長避免在一些無法更換的地方（櫥櫃、天花、地面等）做造型，盡量使用可更換的壁紙、油漆賦予變化性。

Point ▸ 玩具收納不嫌多

玩具收納常是家長頭疼的問題，在設計時，不妨設計一個有又大、又深的抽屜玩具櫃，或是在隱蔽的地方（如床舖下方）安排些具有收納功能的空間。

Point ▶ **思考簡易輕隔間分隔空間**

裝修時想預先規劃兒童房，如果未來有兩個孩子，該怎麼隔間比較好？不同成長階段的小孩，在空間設計上會隨之有不同的需求，一開始幼兒時期可以打通一房，等到長至青春期，就可以隔間分隔，或是將閒置不用的空間改造成小孩房。

同住一房，讓小孩有足夠的空間學習或玩樂（左圖）；加上輕隔間或櫃體，讓兩人擁有獨立空間（右圖）。

用粉嫩色系布飾佈置兒童房，適合幼齡孩童的環境空間。　　　　　攝影_王正毅

?? 裝修迷思 Q&A

Q. 房間的用色部分需要注意什麼？

A. 老人房強調平和溫暖之感，建議使用中性色來為空間上色，避免太冷或過於豔麗的顏色，前者易使老人家產生孤獨寂寞之感，後者則容易引發老人焦躁不安，僅適合局部使用；小孩房則可以掌握選用繽紛、粉嫩色系原則，讓空間裡的溫馨氣氛更加乘。

Q. 使用哪些建材在有老人和孩子的空間較安全？

A. 冷冰的拋光石英磚，質地較為堅硬，但石材冰冷特性，在冬季成為老人和小孩的一種威脅。因此，建議採用木地板或軟木塞地板等質地較軟、溫暖的材質進行地坪規劃。而如果有過敏的問題，地毯與塑膠地墊就不適合。

📖 裝修名詞小百科

過道空間：過道空間主要用來區隔兩個主空間，避免太相鄰時導致隱密性不夠高，而衍生的一個空間。常用在三代同堂的空間設計內，因老人家早睡又怕吵，讓過道空間有了存在的必要性。

黏貼式軟木地板／扣鎖式軟木地板：前者施工方式類似 PVC 地板，要以黏著劑於現場黏貼，可能產生不環保或脫膠起翹的副作用；後者構造設計如同三明治般，上下都是軟木層，中間則由高密度環保密集板的鎖扣構造所組成，方便現場組裝施工。

🏠 老鳥屋主經驗談 ── 小龜

在規劃照明時一定要思考安全性，不良的照明設計，可能會引起嚴重的意外，尤其家中有小孩與老人的，更要謹慎小心。比方檯燈、立燈的擺設地點如果不恰當或是電線沒有收好，就容易被小孩打翻，或是走路沒注意被電線勾到跌倒呢！

和室空間規劃重點

照著做一定會

O1 注重風格融合性

如果和室位於獨立的區域，也就是只有一條動線的地方，那麼就可以做較獨特的設計，以強調其差異性。反之，若和室位在兩條以上動線的位置，那就必須考量與整體的融合度，不適合跳出不同的風格來。

O2 善用區域的中介特質

所謂中介，是指位於兩個不同區域之間，有連接或者延續這些區域的效果。而和室常用的連續拉門，正是符合這種空間特質，如何利用一開一關創造出不同的空間感受，就是設計重點。

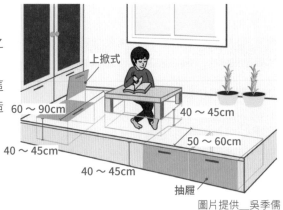

圖片提供＿吳季儒

O3 架高約 10 公分高度即可

除非你想採用升降式的和室桌（需架高 36 公分），或利用下方架高的空間來儲放物品（最好有 25 公分），否則建議盡量降低它的高度，只要 10 公分即可，比較能展現現代風格。

O4 擺設的傢具比例

和室桌多為正方形，從 75 X 75 公分到 90 X 90 公分（麻將桌的尺寸）；和室椅則可分為坐墊及靠背的坐椅。要注意的是，扣除桌子，四邊要留 80 公分以上，才能坐得舒適，而墊子的尺寸最佳為 70 公分。

O5 彈性發揮的空間運用

和室如果是單純聚會的作用，那麼只要設置一些矮櫃（高度 45 公分 X 深度 45 公分）或一些固定層板造型，就已經足夠；但如果要兼顧客房功能，要再加上衣櫃才行，因儲藏量不用多，大都採用橫式的吊衣方式，其櫃深可縮小為 45 公分，減少所占面積。

拆除了入口處房間的隔牆，改以玻璃和拉門劃分領域性，並將部分吧檯的用餐位置移到和室裡，吧檯部分設計為 120 公分高、深度 45 公分，亦滿足收納的需求。　　圖片提供＿蟲點子創意設計

?? 裝修迷思 Q&A

Q. 住家空間坪數小，除了必要的客餐廳、臥房，其他都得捨棄？

A. 透過一室多用的概念，小坪數其實可以具備更多功能。例如將和室設計為客房，而平時可當書房、起居間、遊戲室，客人來訪也不用擔心，一舉數得。

Q. 規劃和室還要注意哪些元素呢？

A. 在壁紙、窗簾、燈具等物件上，都是選搭時要特別注意的部分，細節上，如果想有更具原味的表現，建議選用竹、木材質的捲簾而非一般的布窗簾。

📖 裝修名詞小百科

長虹玻璃：為半透光的材質，可運用在和室摺門，少了實牆壓迫感，透過光線引導，讓使用者能在開闊間，享受開闊且獨立的空間感受。

中介空間：是指一種介於隱蔽及開放之間的區域，也可以延伸為具有此兩種功能的空間，像是和室、迴廊，都是屬於這種形式。

👤 老鳥屋主經驗談 —— KiKi

我家原本很擔心設計了間和室，卻會有封閉、陰暗的困擾，所以設計成開放式，並且利用了鏤空格狀的置物牆面作為隔間，藉此將光引進室內，讓內外的空間反而穿透感十足呢！

大標：書房、陽台、神明廳

照著做一定會

01 書房的設計方向

Point ▸ 確定使用的模式

空間會如何去利用它，是要先釐清的問題。如果常將工作帶回家做，或需要長時間在這裡工作，就會需要正式的書房形式；反之，則可與其他空間相融合的方式處理。

Point ▸ 了解儲物的需求

有哪些東西會放在這裡？一般規格的書、大開本的書或是 A4 的公文檔案，這些的東西儲藏方式都不同，要先加以統計，才能規劃適當。

Point ▸ 安排櫥櫃的造型

常用櫥櫃可分為矮櫃、吊櫃及高櫃。其中，矮櫃有時可以當成延伸的側櫃來使用，這時它的高度就與書桌一樣，基本上為 75 公分；而吊櫃又可分為「櫃身式」與「開放層板式」，重要不想沾染灰塵的可以放在櫃內、常會拿取的則可用開放層板的方式，它每一層高度應在 40 ～ 50 公分，深度則以 35 公分為準；高櫃的深度則以 45 公分為佳。

架設吊櫃的主要用途是作為收納雜物，若是設在背牆上方，則櫃子最低點應不低於 160 ～ 180 公分，這樣才不容造成壓迫感。

Point ▸ 評估隔間的方式

書房隔間不需像臥房一樣，考慮太多遮蔽性和隔音程度，可以採活潑設計，像是利用櫥櫃本來來作隔間，不僅省去隔間牆費用及占地，造型也更多元。

Point ▸ 考慮空間的表現

半開放式的空間表現手法常被用在書房設計，拉門、摺門，甚至沒有門扇的設計方式也會呈現不同的空間調性。將門打開，視覺就穿透深入至書房內，需要獨處時，將門片拉上，就可享用一人世界。

發包
體檢
預算
設計圖
空間配置
建材
收納
隔間
照明
配色
法規
工班
報價單
時程
裝修
合約
工程基礎
工程設備
工程裝飾
選搭軟裝
驗收
入住

〈
0
6
3
〉

書櫃多以收納書籍為主,因此要特別注意跨距。若有大量藏書亦可選擇雙層書櫃,在設計時要特別注意五金的品質,以免久了容易損壞不好推拉。 攝影 _Yvonne

O2 陽台設計的注意事項

Point ⮑ 陽台、外牆防水要作足

只有做足防水才不用擔心漏水滲水的問題,尤其是容易被忽略的窗台防水工程;例如在舊屋改裝時,如需換陽台的對內鋁窗,則應於鋁窗安裝前後,各做一次防水,才是最有保障的做法。

Point ⮑ 因應需求保留採光

若要將原有的陽台納入室內,除非是遇到雨水會打到的方向,否則開窗方向建議不要動到,以便陽光繼續照進屋內,提供室內足夠的自然光源。

Point ⮑ 活用格局注入機能

當坪數有限時,有時候陽台或露台會被改造為室內的廚房、玄關、衛浴或客廳的一部份,通常是與最相近的室內空間屬性做結合,當然也有獨立使用,端看面積大小,所以在規劃改造時,可以納入思考,增加收納空間、照明系統以及空調口的位置。

將大門入口的窗戶拆除更新,加大窗戶引入充足日光,並規劃出具有收納機能的玄關,滿足屋主實際使用需求。
圖片提供 _ 蟲點子創意設計

Point ▶ 休憩、賞景的生活感營造

大片開窗之下的矮牆，通常設計可供收納機能的矮櫃，若在矮櫃上鋪設坐墊，就可以坐在上面賞景、聊天，打造成休憩角落。另外若周遭景觀不錯，陽台、露台可成為與戶外接觸的最佳空間，再不破壞賞景興致的前提下，確保安全的圍欄的施作完善，在設計上就可試圖融入景致、將視覺影響降到最低。

O3 神明廳設計的注意事項

Point ▶ 神明廳應設置在安靜且靠牆位置

家宅中神明廳的安置，會對居住者產生不少影響，若位置不對，就難以藏風聚氣。應設置安靜的位置，不可設在動線上；再來，神桌背後一定要靠牆面，盡量避免正對大門口。且最好以視野開闊為佳，搭配上良好的採光，代表「明堂寬闊」，也能為家中帶來好運。

Point ▶ 壁面材質選用

可選用天然老紅磚作為材質使用，且老紅磚在長期燒香拜拜之下也較不易突顯薰黑的汙漬問題。

Point ▶ 「雙層可拉式」讓空間運用更靈活

將神明桌與櫃體設計做融合，跳脫固定式桌子設計，利用可延伸的神明桌讓人依需要來填加桌子的面積，雙層可拉式設計，使用起來更靈活便利，不但扭轉既往神明桌的傳統印象，同時讓整個家更具一致感。

神明桌後方建議為實牆，有一安定面，另一面利用玻璃拉門保留朝外的視野，不會對神明造成壓迫感，自然好運跟著來。　圖片提供 _ 文儀室內裝修設計有限公司

?? 裝修迷思 Q&A

Q. 頂樓下雨時，樓下家裡的天花板有漏水情況該怎麼辦？

A. 這種情況常發生在頂樓的住戶，多半是屋子長年失修，導致屋頂漏水情況發生，或者是屋頂的排水孔遇到異常堵住了，也有這種情況。若希望長痛不如短痛，就找個師傅，為頂樓做好 PU 防水工程。

Q. 想做陽台（百歲磚外推）的防水，但開工日卻遙遙無期？

A. 找不到師傅承接，可能有三個原因：第一、師傅會想到陽台外推違法在先，拆了算誰的？萬一做了有裂縫，責任如何歸屬？第二、一般泥作師傅是沒有資格做防水，防水要由領有專業執照的防水師傅施作。第三、百歲磚很難防水，毛細孔相當大，要不就水泥塗滿失去美觀意義，也無法保固，開始選擇就失算了。

裝修名詞小百科

環保塑合木： 又稱塑木複合材料，為塑料與木粉混合擠出成型的素材，觸摸的質感與木材十分相近，可減少樹木砍伐，具備防潮耐朽的優點，多使用居家陽台、風景區及戶外休憩區等場所。

陶磚： 以天然的陶土所燒製而成，表面粗糙可防滑，一般用於戶外庭園或陽台。由於孔隙多，易吸水但也易揮發，能調節空氣中的溫濕度，同時還具有隔熱耐磨、耐酸鹼的特性。

老鳥屋主經驗談

小龜

當時為了避免書房書架的層板變形，師傅有建議木材厚度要加厚，大約 4〜4.5 公分，甚至可以到 6 公分，不容易變形，視覺上也能營造厚實感。

Janice

這次在規劃風格上，發現在陽台與室內之間，不是只有鋁門框可選擇，能運用不同的材質來展現不同美感；或是不同的五金手把和顏色，門片嵌上不同的圖象也有意想不到的效果喔。

建材運用計劃

不論工程發包或自行裝潢，了解建材特性再挑選適合的建材都是必要的過程，也能從中掌握屬性選擇最自己滿意的搭配組合，充分了解建材性質不僅更能與工班、設計師溝通，也能透過材質的活用混搭創造獨一無二的空間美感。

重點 Check List！

☑ **O1 底材、隔間建材**

底材和隔間材多會在木作工程中用到，舉凡天花板、櫃子、木作隔間及壁面封板等部分，除了木作本身，在工程進行時，電器設備的管線配置也可同時與木作配合，如將懸吊喇叭的管線埋藏在天花板中，增加實用性和視覺上的美觀。
→詳見 P068

☑ **O2 地板建材**

更換地板是舊屋翻新裝潢工程中常見的項目，尤其廚房地磚的更換，或是原有架高木地板的拆除，想省錢也可避開拆地板，在原有地磚鋪上木地板。但若是要局部更換地磚，除了考慮磁磚的色差，還要注意材料厚度，確保完工不會出現小段差。　　→詳見 P071

☑ **O3 牆面建材**

不論居家空間大或小，保留一道牆加以設計，就能為整體空間風格畫龍點睛，不論是改變顏色、拼貼建材或是大面積鋪陳，不論預算多寡，都能營造出自己喜愛的居家氣氛。　　→詳見 P074

職人應援團

職人一　演拓空間室內設計　張德良

用料實在施工確實

天花板的設計變化很多元，材質選擇也很豐富，透過使用與壁面相同的材質，將天與壁連成一氣，促成完整空間線條延伸，也透過材質串聯、相互呼應，簡化材料元素，增添風格一致性。

職人二　原木工坊　李佳鈺

樸實木造型的多元性

木素材用於牆面能營造出居家空間無壓、溫馨感，在選擇木材主要除了木種、特性、顏色之外，木頭的紋理及深淺，甚至不同的施作加工方式，都會關係到風格呈現。

以松木為主建材的廚房吧檯不僅有收納與料理機能，樸實木造型，搭配繽紛的多款磁磚拼貼散發出異國情調。
圖片提供 _ 原木工坊

底材、隔間建材

照著做一定會

O1 底材、隔間建材

居家裝修板材目前有石膏板、矽酸鈣板等隔間板材，在現今注重環保安全的議題下，耐久耐潮的矽酸鈣板成為市場大宗。另外在效能的要求上，用來施作為天花板及壁板的板材，除了要具備隔音、吸音的效果外，同時也要有防火、好清理的特性，像是矽酸鈣板及石膏板不含石棉，具備防火、防水、耐髒等優點，就很適合作為室內裝潢的建材。

區域	挑選原則	推薦建材
天花板	防火、質輕	矽酸鈣板、石膏板、纖維板
隔間	隔音、耐重	矽酸鈣板、預鑄陶粒板

O2 常見種類

項目	簡介	特性	計價方式
矽酸鈣板	適用於室內空間的牆板和天花板。在選擇時更要注意不含石棉，才不會對人體有害。	· 防火、防潮、隔熱 · 表面硬度及抗壓強度較佳 · 膨脹係數較小 · 受潮變化不大	施作隔間連工帶料約 NT.700～900 元／平方公尺
石膏板	可以百分之百回收，是相對環保的產品，有「普通板、強化板及防潮板」等類型；普通板價格較便宜，用途廣泛；防潮板具有防潮功能，適用於潮濕區域。	· 防火、隔熱、耐震 · 隔音效果佳 · 表面平整不易龜裂 · 施工容易、安裝成本低	施作隔間連工帶料約 NT.600～800 元／平方公尺
化妝板	指化了妝、經過修飾的矽酸鈣板，其板材表面經過特殊耐磨處理，且具抗菌功能，許多餐飲公共設施都選擇其抗菌功能，又不需粉刷的優勢。	· 耐酸、抗髒汙、防火	約 NT.750～800 元／片（60240cm、厚6mm）

項目	簡介	特性	計價方式
預鑄陶粒板	陶粒板屬於水泥類的預鑄材，在歐美多用於隔熱；在台灣則用來頂樓加蓋、室內加設夾層或隔間。	‧ 質輕抗震 ‧ 施工快速 ‧ 隔音隔熱 ‧ 分 8、10、12cm 的陶粒板，越薄佔據的空間坪數越少。	以面積計價，或連工帶料來計價者 NT.1800～2200 元／平方公尺

O3 底材、隔間建材選搭

Point ➤ 矽酸鈣板常用木作天花板及木隔間

平頂天花板為將天花板拉平封板後，不再做特別的造型，是較為簡易的木作天花板。造型天花板，則多為配合間接照明而設計的天花板，設計造型多元且富變化性，可視設計師與屋主的喜好規劃。有需要預留維修孔的地方，如：倒吊排水管、投影機等，必須事先留好尺寸及位置，以減少未來的維修難度。

（左）天花板不只有四四方方的木作做法，也可將餐廳的天花板搭配餐桌，設計為圓弧造型，並選用具反射特質的鏡面為材，加大空間感也提亮餐廳光線。
圖片提供 _ 演拓空間室內設計

（右）樑柱是構成空間的主要結構，在無法更動的情況下，可以透過天花板加以修飾，讓橫樑變成特色設計的一部分，不僅如此，中間的空間亦可用來隱藏空調設備。　圖片提供 _ 演拓空間室內設計

Q. 聽說矽酸鈣板的牆面易脆，不能掛重物或釘釘子，是真的嗎？

A. 表層為矽酸鈣板的隔間，多為輕鋼架隔間或木隔間，內部為中空，填入吸音材料，若想在已完成的牆面上掛畫或是釘釘子，必須要先找到角材的位置以及選用適合的釘子。否則隨處一釘，就可能釘到中空處，使得整面牆剝落。

Q. 我家的天花板打算貼玻璃裝飾，可直接黏貼在矽酸鈣板上嗎？

A. 不可直接黏貼於矽酸鈣板上，需多加一層夾板。由於矽酸鈣板為粉質材料，玻璃黏貼上去有掉落疑慮，因此必須再多加一層夾板，底板建議至少要為 4 公分，黏貼時的附著力才會較佳。

玻璃棉： 乃由玻璃絲加工製成，玻璃棉的熔點為攝氏 400 ～ 600°C 之間，玻璃棉的質地輕、富彈性、具有斷熱功能和吸音效果，用於填充隔間的多採用 16K 和 24K 的玻璃棉，24K 的玻璃棉約可阻隔 10 分貝的噪音。

岩棉： 是由礦絨及玄武岩等高熔點的材料製成，因此岩棉熔點約在 1000 ～ 1200°C 之間，能有效阻絕火焰。岩棉通常有 60K、80K、100K 的規格，K 代表岩棉的密度，數值越高、隔音效果越好，一般的輕隔間牆多使用 60K 的岩棉，30 分貝以下的噪音都可有效阻隔。

老鳥屋主經驗談 ── Janice

工班師傅有提醒過，木作隔間在放樣時要到現場確認尺寸是否正確，一旦做錯就需重新拆除，很麻煩的。木作隔間若有冷氣、櫃體的吊掛需求，也要特別注意結構是否有做足。

PART 2

地板建材

照著做一定會

O1 建材挑選要點

地板是居家空間中面積最大且關係到安全的區域，因此在挑選時，要視家庭成員及生活所需評估，在進行不同活動的空間，也要選擇適合的建材，才能兼顧舒適及安全。

區域	挑選原則	推薦建材
玄關	· 硬度高耐磨損 · 耐髒好清潔 · 具止滑效果	復古磚、木紋磚、有紋路的塑膠地磚
客、餐廳	· 表現空間氛圍與質感	復古磚、木紋磚、有紋路的塑膠地磚
廚房	· 具止滑效果 · 抗汙好清潔 · 避免嚴重反光	復古磚、木紋磚
衛浴、陽台	· 耐潮濕　· 防滑 · 耐候性高	馬賽克、洗石子、木紋磚、復古磚
臥房	· 具止滑效果 · 溫暖的觸感	超耐磨木地板

O2 常見種類

項目	簡介	特性	計價方式
磁磚	可分為陶質磁磚、石質磁磚、瓷質磁磚。 · **陶磚**以天然陶土燒製而成，吸水率約 5%～8%，表面粗糙防滑，多用於戶外庭園或陽台。 · **石質磁磚**吸水率 6% 以下，硬度最高，目前使用率不高。 · **瓷質磁磚**為俗稱的石英磚，吸水率約 1% 以下，各類空間都適用，但要注意防滑。	· 清潔保養容易 · 價格較為親民	NT.3000～6000 元／坪（連工帶料）

項目	簡介	特性	計價方式
超耐磨地板	結構有底材、防潮層、裝飾木薄片和耐磨層。 · **底材**是以集層技術製成的高密度板，除了減少一般底板可能發生的蛀蟲的問題之外，含較低甲醛能保障居家環境安全。 · **耐磨層**以三氧化二鋁組成，有耐磨、防焰、耐燃和抗菌的優點。 · **防潮層**可防止地板濕氣。	· 耐磨、耐刮 · 清潔保養簡單 · 顏色選擇多元 · 施工快速方便	國產超耐磨木地板約NT.3000～4000元／坪
塑膠地磚（PVC地板）	價格便宜、花樣選擇多、施工方便且快速，直接鋪上且不必再上蠟等優點，成為近年易見板材。	· 多用於商空 · 耐磨好保養 · 施作面需平整 · 施工簡易	厚度為2～3mm，NT.1200～2500元左右（連工帶料）
水泥	依骨材不同分為兩類： **磨石子地板：**骨料中混入不同的石子甚至是瑪瑙，依照師傅經驗調配出水泥深淺，輔以不同種類的壓條（銅條、木條、壓克力或不用壓條），創造風格迥異的磨石子地板。 **水泥粉光地板：**在骨料中僅加入細砂，以1：3的比例調配材料，為讓表面看來光亮細緻，沙子通常會以篩子篩過，也能避免小石子或雜物造成地面不平整。	· 保暖性佳 · 無接縫感 · 具獨特紋路	NT.3000元～10000元／坪（連工帶料，不含地坪的事先修整）

O3 地板建材選搭

Point ▶ **水泥地板，無縫，生成紋理獨一無二**

水泥粉光會因施作時材料的品質、環境溫濕度和人工經驗等因素，呈現深淺不一的色澤、雲朵紋路。

以質樸的水泥地坪為空間打底，像雲般的紋理呈現豐富的視覺感受。 攝影_葉勇宏

Point ▸ 木紋超耐磨地板觸感佳，柔化空間氣氛

超耐磨地板依結構有底材、防潮層、裝飾木薄片和耐磨層。通常底材以集層技術製成的高密度板，除了沒有一般底板可能蛀蟲的問題之外，低甲醛的成分能有效保障居家環境安全。

地板選用橡木超耐磨地板，搭配白色線板構成的壁面與門片，鄉居風情油然而生。　攝影 _Yvonne

Point ▸ 塑膠地磚鋪設簡便，模擬效果佳

塑膠地磚的耐磨層從厚度20條（0.2公釐）、50、70到100條都有，普通的厚度約3公釐左右，一般可使用5到10年。而部分產品表層有特殊耐磨塗佈，適用於高流量區及抗椅角重壓。

塑膠地磚用獨特的印刷工法，展現仿石材或木頭紋理的效果，木紋以對花壓紋處理，創造如木地板的視覺效果。　攝影 _Yvonne

?? 裝修迷思 Q&A

Q. 希望衛浴地板和牆面有一致感，地壁磚可混合搭配使用嗎？

A. 目前業界推出瓷質壁磚強度夠，可以地壁混合搭配使用，減少因材質不同而有色差，此類產品吸水率低，強度高，不容易釉裂及發霉，可延長磁磚的壽命。

Q. 家裡的 30X30cm 地磚換成大尺寸石英磚，要拆掉原有的地磚嗎？

A. 舊有地磚面臨更換大理石或其它磁磚材質時，就要將磁磚拆除，為避免底層附著力差，影響未來新鋪設的地板，還是會建議以見底的方式拆除。

裝修名詞小百科

自平性水泥：自平性水泥厚度薄但具有高強度（強度約 5000psi）堅實耐磨、耐壓，加上施工簡便速度快，一般常用於坪數較大的公共場所，或者各種地磚、地板鋪設前之打底整平用。

粉光：所謂粉光是以 1：2 比例混合水泥與砂，水的比例較高，砂則是將小石子或雜物過篩後的細砂，混合出質地較為細緻的泥漿，也形成光滑平整的表面質感。

老鳥屋主經驗談 —— Eunice

若為自行發包木地板工程，記得詢問報價單內的費用是否含收邊、施工費用，另外，木地板板材數量也會多加 10 ～ 15% 的耗損量。

牆面建材

照著做一定會

O1 建材挑選要點

牆面是居家空間中佔視覺印象比例高且圍塑空間區域，因此在挑選材質時，要注重整體的空間氛圍，針對不同活動的空間選擇合適的建材，才能兼顧美觀和視覺協調性。

區域	挑選原則	推薦建材
玄關	· 引導性考量　· 協調性考量 · 耐髒好清潔　· 收納空間	珪藻土塗料、清水模漆、木格柵、柚木牆、玻璃磚牆、粗石面磚、鏡面、美耐板
客、餐廳	· 表現空間氛圍與質感 · 公共空間主視覺重點	烤漆玻璃、水泥、珪藻土塗料、清水模漆、鏡面、美耐板
廚房	· 耐高溫、高溼 · 抗汙好清潔 · 避免嚴重反光	灰玻璃、玻璃、釉面磚、馬賽克、鏡面、水泥、美耐板
衛浴、陽台	· 耐潮濕 · 防滑 · 耐候性高	磁磚、馬賽克磚、古堡磚、木紋磚、石磚、抿石子
臥房	· 具止滑效果 · 溫暖的觸感	塗料、壁紙、鏡面、木纖維板、鋼刷木紋、美耐板

攝影__ Yvonne

O2 常見種類

項目	簡介	特性	計價方式
塗料	**水泥漆** · 水主要塗刷在室內外的水泥牆而得名,具好塗刷、遮蓋力佳等特性,有油性及水性兩類 · **油性水泥漆**會產生揮發性有機化合物 VOC,故多用在房屋外牆,不建議用於室內。 · **水性水泥漆**配合耐候顏料及添加劑調製而成,光澤度較高,室內外的水泥牆都可塗刷,但不建議塗刷在金屬、磁磚等表面光滑的材質上。	· 可維持 2～3 年 · 經濟實惠,可塗刷面積較大 · 施工省時省力	NT.600～1100元／坪(連工帶料,依上漆方式不同有價差,不含補土)
	乳膠漆 · 漆質平滑柔順,可用電腦調色避免色差,塗刷後的牆面質地細緻 · 可依刷塗區域決定表面呈現效果,臥房光線要柔和溫暖,可選擇「平光型」的塗料效果較佳;主要為兒童活動或公共空間等較易弄髒的牆面,可選用「柔光到半光樹脂含量較多」的產品,較易清理。	· 可維持約 5 年 · 不易沾染灰塵 · 防霉抗菌 · 漆模較厚質感佳	約 NT.1200～1600 元／坪(連工帶料,依上漆方式不同有價差,不含批土)
壁紙	壁紙是施作快速、簡單,無論是全面裝修或局部改裝都很適合,依材質分為壁紙和壁布。	· 樣式選擇多 · 潮溼環境不適用	約 NT.40～90元／才(連工帶料,依厚度會有價格落差)
文化石	分為天然文化石和人造文化石 · **天然文化石**是將板岩、砂岩、石英石等石材加工,因保有石材原本特色,在紋理、色澤、耐磨程度上,都與石材的特質相同。 · **人造文化石**則是採用矽鈣、石膏等製成,質地輕,重量為天然石材的三分之一左右,又具備燃、防霉的特性,且可客製化調配顏色,安裝容易。	· 施作方便可 DIY	NT.3000～4000元／坪

發包 體檢
預算
設計圖
空間 配置
建材
收納
隔間
照明
配色
法規
工班
報價單
時程 裝修
合約
基礎 工程
設備 工程
裝飾 工程
軟裝 選搭
驗收
入住

〈 075 〉

項目	簡介	特性	計價方式
美耐板	具備耐汙、防潮的特性,但若長久處於潮溼的地方,與基材貼合的邊緣仍會出現脫膠掀開的現象,像衛浴空間潮氣較重的不適用。金屬美耐板易受水分侵蝕而變色,也不適合用於衛浴空間。	・樣式繁多 ・價格親民	NT.400～2000元／片不等(依系列、材質、規格差異)
木皮	木皮板表面為實木皮,不對紋的拼貼較為自然,但若希望對花紋,則可選擇直紋,另外挑選時也可注意是否有標示無甲醛。	・質感天然效果佳	4×8 尺約NT.1600～20000 元／片
鏡面	鏡板玻璃係於一般玻璃背面鍍上銀膜、銅膜,並以二層防水保護漆等三重加工程序製成。使用在茶色玻璃上就成為「鏡」,用於黑色玻璃上就稱為「墨鏡」。	・具放大空間效果	普通鏡面玻璃NT.150 元 ～250 元／才,鈦鏡 NT.350 元／才,鑽石鏡面 NT.600 元／才左右

O3 牆面建材選搭

Point ➤ 木皮、文化石材質展現空間調性

木素材用於牆面最能營造出居家空間無壓、溫馨感,而不同的施作加工方式,都會關係到風格呈現。文化石的堆砌拼貼感,讓人聯想到鄉村莊園或歐風城堡,因此是營造溫款異國風情的絕佳素材,局部點綴就有顯著的效果。

空間內的裝修雖然不多,但因為收納櫃體有裝飾性木皮門片,或是做有線條感的條狀收納小櫃,整體視覺上很美觀。　圖片提供 _ 原木工坊

Point ► 玻璃鏡面展現不同透光度及視覺呈現效果

鏡面則是放大空間的的法寶，透過折射光線與倒影，也能做出或前衛或寧靜的空間感受；烤漆玻璃在室內設計上，多使用於廚房壁面、衛浴壁面或門櫃門片上，也可當作輕隔間的素材。由於多種色彩，又經強化處理和耐高溫，適合用在廚房壁面與爐台壁面。

有透光、清亮特性的玻璃建材，能達到引光入室、降低壓迫感等效果，可以說是「放大」和「區隔」空間必備的素材之一。
圖片提供 _ 杰瑪設計

?? 裝修迷思 Q&A

Q. 聽說珪藻土有調節溼度的功效，那可以用在浴室的壁面上嗎？

A. 珪藻土屬於天然材質的黏土，成分溫和不易對人體健康造成傷害，適合用在室內客餐廳、房間等處，最好避免用在衛浴等容易遇水沖刷處，以免成分還原，容易造成表面脫落。

Q. 油漆師傅說乳膠漆上一道就好，這樣的施工方式是對的嗎？

A. 一般施工順序為：批土→打磨→刷漆，刷漆指的就是普通常見的刷油漆，又分為「底」（底漆：第一層漆）和「度」（面漆：最外層的漆），通常愈多道牆面越平整，當然價格也愈高，由於乳膠漆的遮蓋力較差，因此除了要搭配非常平整的牆面才能表現乳膠漆細緻的特性外，建議至少刷 2 道才會漂亮。

裝修名詞小百科

磁性漆：多為無添加有機溶劑的水性塗料，搭配特殊磁感性原料，藉此創造磁性。

黑板漆：除了常見的黑色、墨綠色，還有 800 種顏色可選，也可進行調色。

老鳥屋主經驗談 —— Peter

通常轉角處的收邊方式有二種做法，一種是透過加工方式，將磁磚磨成 45 度內角拼接結合面，但要注意需磨去尖銳邊緣，以免碰撞受傷。或者是購買同花色款式的轉角磚，透過層次鋪貼，質感呈現會比較自然一致。

發包
體檢
預算
設計圖
空間配置
建材
收納
隔間
照明
配色
法規
工班
報價單
裝修時程
合約
基礎工程
設備工程
裝飾工程
軟裝搭選
驗收
入住

櫃體收納計劃

收納對很多人來說，是一件繁瑣的事。但其實只要每次拿取和擺放時，稍微有點耐心的分門別類放好，花上一點小時間，就能獲得居家整齊，其實蠻值得的。當然，搭配一些小技巧，更是增加收納便利度。

重點 *Check List !*

☑ **O1 擺脫凌亂感的收納需知**

收納絕對不是做了一個大收納櫃，通通塞進去就代表收好。良好收納是指東西收好，而且容易尋找跟拿取；了解自己需求，才能規劃收納空間。 →詳見 P080

☑ **O2 收納櫃的形式與空間運用**

收納櫃除了肩負收納責任，還具有區隔空間以及提升視覺美觀的效益。依據需求和空間形式，決定收納櫃形式。 →詳見 P082

☑ **O3 系統櫃＆木作櫃的材質與適用時機**

系統櫃和木作櫃通常會在空間內穿插使用，比如臥房的衣櫃可能由木工量身定製，可以符合空間尺寸，不浪費坪效。 →詳見 P084

☑ **O4 認識基本五金＆配件原則**

很多沒有裝修經驗的人，初次裝修時，都會對五金配件的價錢耿耿於懷。其實不論是進口或國產，五金配件的品質有一定重要性，選用好的五金可以延長櫃體使用壽命，也避免未來如果五金出了問題，造成生活不便。 →詳見 P088

職人應援團

職人一 朵卡空間設計 邱柏洲

系統櫃價格親民且施工快速

傳統木作會將櫃體釘製在地面，不但破壞地面且無法拆卸，而系統櫃是利用 L 型鐵片固定在牆角，不破壞地面且可拆卸，板材樣式也日漸增多，甚至有陶烤門的材質，適合各式風格設計運用。如果沒有必要量身定製的櫃體，系統櫃比較經濟實惠。

職人二 原木工坊 李佳鈺

收納櫃形式跟隨著空間屬性

空間的收納櫃，很難說哪個空間適合哪一種形式，還是要依據空間本身的條件以及自身需求做設定規劃。不過建議可在畸零空間規劃小儲藏室，收納大型物件，比如行李箱、家中長輩的輪椅……等。

位處在公共空間的收納櫃，以傢具形式規劃收納櫃體，或封閉或開放的立面造型，活潑了空間。
圖片提供 _ 原木工坊

擺脫凌亂感的收納需知

照著做一定會

O1 收納要好放好拿，而不是用塞的

正確的收納應該是東西被收得很好，但需要時也能很快速地找到想要的物品，如果得翻箱倒櫃的找，恐怕也不會再被拿出來用，反而失去收納的意義，當然，前提還加上把東西端正擺好，而不是塞好塞滿。

O2 學習捨棄和分類

可依循自身使用頻率分類，也就是將物品分為「常用的」、「每天必用」及「不常用」三大類，另外，未來可能的需求也記得要列入分類項目中，才不會顧好現在卻遺漏未來的需求。

O3 使用頻率決定收納形式

收納可分為外露和內藏兩種形式，可藉由「常不常用」和「美不美觀」兩個方向做判斷，例如常用的眼鏡可以外露，而外型不是很好看的遙控器則可內藏，適度的外露是合理的，畢竟空間還是需要一些生活感，過度內藏會讓空間失去人味。

O4 針對家中成員，思考收納需求的差異性

收納會依著身分、性別、職業和年齡的不同，而產生不同的設計形式，舉例來說，男生可能會有很多領帶要收、女生則有很多保養品瓶罐要收以及衣服鞋子包包圍巾等零碎小物，所以需要先自行了解自身跟家人生活習慣之後，再跟設計師進行溝通，才能做出好用的收納空間。

兼具收納及裝飾功能的電視牆，點綴了空間，同時保留了空間順暢度。
圖片提供 _ 原木工坊

O5 事先應測量收納物品的高度

在訂製任何收納櫃之前，要先清點自身的物品清單，再去測量各物品的長寬高，才能訂製符合需求的櫃子。而通常在訂製鞋櫃時，建議深度預留 40 公分，而大約測量自身鞋子的高度，來評估櫃子的高度。

設計師沿著女兒牆配置上下櫃，成為玄關區專屬的儲物櫃與鞋櫃，而中間鏤空的設計讓玄關仍能有天光照入。
圖片提供 _ 亞維設計

發包 體檢
預算
設計圖
配置 空間
建材
收納
隔間
照明
配色
法規
工班
報價單
時程 裝修
合約
工程 基礎
工程 設備
工程 裝飾
選搭 軟裝
驗收
入住

〈
0
8
1
〉

?? 裝修迷思 Q&A

Q. 木工師傅只是多做了層板五金，也要增加費用？

A. 木作櫃的價格是以尺計價，一般來說每片層板都需要經過貼皮，上漆的過程，這是最基礎的處理方式。因此，若櫃子複雜度越高、越細密，價格也會因而攀升。而使用的五金，含安裝以及本身品質，都會增加整體費用。

Q. 一定要為了收納改變生活習慣嗎？

A. 最好的收納設計師其實就是自己，因為習慣、個性、身高等不同，而有不同拿取方式。只有自己最了解自己的作息，物品才能依照習慣與動線擺放。收納必須順應自己的生活習慣，而非為收納而改變自己的習慣。

裝修名詞小百科

人體工學： 代表結合人體測量資料、思維以及尺寸距離等因素，改善使用者和環境的互動介面。比如依個人身高而規劃工作檯面及櫥櫃尺寸。

收納需求表： 在裝修前將自己所需要的收納物品列表，例如有多少雙鞋子，有多少書籍、CD、DVD，衣服是以吊掛或平放為主等，讓設計師能針對收納需求，規劃出最符合使用習慣的收納設計。

老鳥屋主經驗談 —— Jenny

如果衣服量太多的話，可以先想想看自己習慣用疊放還是吊掛方式收納，疊放的話，可以設計活動層板，以後可隨需要增添層板數量，若喜歡吊掛，坊間有兩層式吊衣桿，可增加收納量。

收納櫃的形式與空間運用

照著做一定會

O1 開放式跟門片式收納櫃

Point ▸ 開放式櫃體

分為層架或層板兩種樣式。層板式櫃體是在牆面釘上層板，沒有其餘支撐。層架式櫃體則是沒有裝設背板，多為中空設計。

Point ▸ 門片式櫃體

可分成開闔門片或推拉門兩種型式。主要為隱藏物品，不使空間感到凌亂，同時也防止灰塵進入。

O2 收納櫃的形式選擇

Point ▸ 使用頻率高且有展示需求

通常依照使用頻率、美觀與否及收納習慣選擇。若使用頻率較高的物品，建議沒有門片的開放式櫃體，拿取較方便。另外像收藏的玩具、公仔古董或旅遊紀念品等小物，也可放在開放式櫃體，具展示作用。

Point ▸ 使用頻率低

封閉門片式櫃體最大優勢是可將物品隱藏起來，讓整體空間看起來整齊不凌亂。

O3 公共空間適合封閉式收納櫃

Point ▸ 使用頻率高且有展示需求

家中物品收納需求較高的，不外乎是放置一家人鞋子的玄關、客廳或書房的書櫃、關係民生大計的廚房和收納四季衣物寢具的衣櫃。而頂天立地的落地大櫃體，最適合公共空間擺放，只要門片拉上，空間依舊俐落簡潔，打開找什麼又可一目瞭然。

玄關櫃的收納設計，兼具美觀和功能，同時可以容納一家人的鞋子，一舉數得。
圖片提供 _ 原木工坊

O4 櫃體深度影響了拿取便利性

Point ▶ 低櫃型式

餐櫃可分成挑高或低櫃型式，差異在於是否要佈置餐櫃壁面與櫃面，若要進行裝飾佈置，低櫃較合適，建議高度約 85 ～ 90 公分，方便擺放飾品。

Point ▶ 挑高櫃型式

挑高型的餐櫃盡量不要超過 200 公分，以免拿取物品不方便。而幾乎天天會從餐櫃拿碗盤使用，餐櫃的深度很重要。深度約 40 ～ 50 公分，收納大盤或筷類、長杓時較方便。

在餐廳中的櫥櫃可分為展示櫃、餐邊櫃，另外，廚房電器櫃也有移至餐廳內的趨勢。

?? 裝修迷思 Q&A

Q. 客廳內擺放影音設備的櫃體，一定要做的很大嗎？

A. 因為科技進步，影音設備愈趨輕薄，漸漸改以壁掛式來節省空間。電器櫃的櫃寬和深度須考慮放置的電器尺寸，多半在 45 ～ 60 公分，除非是玩家級視聽設備，則要增加櫃深至 60 公分以上，以免較粗的音響線材沒地方擺放。

Q. 走道設置櫃子空間變得更窄？

A. 那可不一定，藉由妥善的規劃其實能改善，除了走道至少要預留 90 公分寬度，櫃子可設計成層架式展示櫃，選用輕量材質或懸空設計，再輔以燈光削弱櫃體重量感，降低壓迫性。

裝修名詞小百科

板材：板材就是指櫃體使用的材料。目前市面上常見板材種類有木心板、密迪板、塑合板或美耐板，每種材質的定價和質地都不大一樣，通常都是依照使用需求而做選擇。

五金：五金是指為了讓櫃體方便使用，需要滑軌或鉸鏈等配件輔助，增加使用靈活度，而品質也會決定耐用度和使用時的順暢度，有些人寧願多花點錢在五金配件上，就是這個道理。

老鳥屋主經驗談 —— Emily

很多人會覺得收納櫃愈多愈好，拼命地要求增加收納櫃，但其實真正使用後，才發現根本用不到那麼多，明明習慣衣服用疊的，卻做了很多吊桿，導致吊桿沒用到，衣服疊放的空間也不夠，因此收納櫃的形式最終還是要跟隨使用者的習慣，才真正貼近生活。

系統櫃&木作櫃的材質與適用時機

照著做一定會

O1 系統櫃價格平實但有規格限制

Point ▶ 系統櫃櫃體

系統櫃為規格化的產品，其使用機能和尺寸雖然也能隨使用者而改變，外觀面板的顏色及五金配件可依喜好做不同搭配，但選擇性有限。

Point ▶ 木作櫃櫃體

木作櫃則是由師傅現場施工，造型和使用設計上可以依據現場調整，比較靈活。但工期較長，價格也較高。

O2 系統櫃與木作櫃的空間使用

Point ▶ 系統櫃櫃體

正在強調整體風格的「公共空間（如客、餐廳），或狹小難解的畸零空間」，多會以造型變化性高、木皮選擇多樣化的木作櫃，來打造居家風格，甚至帶出畫龍點睛的效果。

Point ▶ 木作櫃櫃體

如果面對廚房、主臥和更衣間等，強調收納、實用機能更勝風格形塑的空間，通常會需要搭配許多的抽屜、五金或層板，若是選用木作櫃的話，在價格上則會高出不少，因此利用系統櫃制式的組合就能滿足需求，價格也相對便宜。

O3 櫃體常用板材種類、特性

種類	特性	價格帶
塑合板	又稱粒片板，由木料碎片、刨花經過壓合而成，其膠合密度高、空隙小，所以不易變形。具防潮、耐壓特性。	**塑合板**素色無壓紋約 NT.60 元／才
發泡板	以塑料製成，防潮力高，但不耐高溫，對溫度限制比較嚴苛。	**木心板**裸板 NT.200 ～ 206 元／才 **發泡板**約 NT.94 ～ 103 元／才 **包膜後**約 NT.450 元／才
木心板	主要構成為實木，因此木心板耐重力佳、結構紮實，五金接合處不易損壞，具有不易變形的優點。	
密底板	木屑磨成粉製成的板材，表面易切割刮刨、可塑性高。缺點是承重和結構力差、不防水。壓製過程常會添入一些花樣浮雕，常見於造型門板或線板等設計。	

O4 櫃體常用門片種類、特性

種類	特性	價格帶
木門	能替空間營造溫潤、質樸效果。	依材質、尺寸、技術施工以及把手處理等計價費用不一。
玻璃門片	提供清透感,同時又兼顧藝術性。	
烤漆門片	可依個人喜好、設計風格決定上漆顏色。	
皮革門片	質擬真,從復古、奢華到前衛皆有。	
美耐板門片	樣式百變,同時兼顧耐磨、耐刮特性。	
結晶鋼烤門片	色彩呈現飽滿感,能替空間增添明亮作用。	

O5 確認板材是否有認證標章

一般來說,甲醛味的產生大多是從黏貼木皮或板材的黏著劑而來。若以系統櫃的板材來說,基本上都已經符合 E1 等級低甲醛的標準了,也可以檢查板材角落,確認是否蓋上認證標章。

從板材剖面看到內部藥劑、黏著劑的顏色,可以做為品質好壞的指標,通常 E1 級板材呈現綠色,E0 級則為藍紫色。
攝影 _ 江建勳

觀察板材側面孔隙大小,孔隙越大,品質越差。
攝影 _ 江建勳

O6 五金、層板選擇,影響系統傢具費用

進口五金比國產五金價格高,板材的部分,E0 等級也比 E1 等級貴上兩成(EO 級的甲醛含量趨近於零)。而目前系統傢具多為歐洲進口,為了與之配合,五金也大多以進口為主。通常進口的五金比國產五金價格高。另外,板材的等級和厚度也會影響價格。

系統櫃雖然有尺寸上的限制,但還是可以運用在無尺寸限制的空間,比如公共空間。
圖片提供 _ 朵卡空間設計

O7 木作櫃與系統櫃施工比較

木作櫃	系統櫃
櫃體的構成是利用板材架構出桶身之後，再逐一將櫃內零件組裝完成櫃體，在組裝桶身前，要事前做好規劃，才能開始組裝動作。 層板可分為固定層板與活動層板 **固定層板組裝方式為：**側面與背板釘槍固定，在桶身側面鎖木螺絲，間距約 15cm 鎖一顆，確切使用數量依未來承重強度決定，鎖完螺絲最後再以貼皮修飾。 **活動層板組裝方式為：**比較單純，只要將銅扣塞進預先鑽好的鑽孔，即可裝上活動層板。 **常見五金零件如：**拉籃、吊衣桿等，由於事前已做好安裝前的加工，最後只要安裝並微調即可。	由於板材、門片、五金等以在工廠按圖加工完成，送達現場只要拆除包裝，清點板材規格及零件無缺，即可開始安裝。並對現場地磚、木地板、現成家具做防護措施，如鋪上養生膠帶或防潮布。 系統櫃因為板材有制式規格，組裝完後難免會遇到無法剛好填滿，出現縫隙的狀況，這時可視情況選擇利用木板或矽膠將縫隙補平，但若縫隙超過 2 公分，建議以木板封平較佳。

設計師利用大面積柱體，做出客廳挖空的木製櫃書架與廚房置物櫃的巧妙連結，讓柱體好似是櫃體的一部分。
圖片提供 _ 原木工坊

?? 裝修迷思 Q&A

Q. 系統傢具能「量身訂製」嗎？

A. 系統傢具的板材，一般來說以 45 分、60 公分和 90 公分三種長度為一般標準尺寸，若想要精準的量身訂製，可能會受限於板材長度。再加上系統板材邊緣有排孔，每個排孔間距固定為 32mm，因此板材最高高度也必須是 32 的倍數。雖然不能完全量身訂作，但還是有調整的彈性空間。

Q. 如果想要規劃大書櫃，板材厚度是不是越厚越好？

A. 櫃體施作大多有慣用材質和約略厚度，「板材間的跨距」反而是更該注意的事情。一般來說，系統書櫃的板材厚度多規劃在 1.8 ～ 2.5 公分，櫃體跨距應在 70 公分內，木作書櫃想增加櫃體耐重性的話，可將層板厚度增加到約 2 ～ 4 公分，但最長不可不超過 120 公分，以免發生層板凹陷的問題。

裝修名詞小百科

橫拉門：是藉由軌道、滑輪等五金搭配，左右橫向移動開啟；依據軌道位置分為「懸吊式」或「落地式」，可做成單軌或多軌，不需要預留門片旋轉半徑，使用上較不佔空間。門片材質多為穿透度高的玻璃或重量較輕的複合木門，還可做成多片連動式拉門，兼具彈性隔間機能。

厚木貼皮：厚達 0.6 公分的厚木貼皮，比厚度僅有 0.2 公分的一般木皮，反而更有效利用整塊木皮，並以高壓接合方式替代膠水黏合，雖看似花費較多木材，實則較為環保且健康。

老鳥屋主經驗談 —— Nike

為了省錢，臥房五斗櫃買的是便宜品牌，對板材也不是那麼了解，結果使用 2 年左右，抽屜板子已經有點榻陷，以後買櫃子的時候一定要多問清楚板材的種類是什麼。

認識基本五金&配件原則

照著做一定會

01 了解五金種類和特性

種類	特性
不鏽鋼／鍍鉻	挑選五金時，需慎選產地來源之外，還可從重量判斷，因為有些五金可能是空心的，相較之下就能分辨虛實。而五金在材質上的首選為「不鏽鋼」，其次是「鍍鉻」，最好不要選擇以「鐵」加工的材質，容易生鏽。
隔板粒	系統櫃中支撐層板的隔板粒，種類也各有巧妙不同，搭配玻璃層板的隔板粒，為了防止玻璃滑動，會在隔板粒上加裝兩圈防滑套與木層板搭配的隔板粒，則以表面平整、下有蹲座的樣式最常見。
鉸鍊	用來開關門片的旋轉五金，通常為不鏽鋼製。由於使用率高，用久了容易卡住或有異聲，在選材上要注意選用耐久的材質。
抽屜滑軌	可選擇有無緩衝式的滑軌。一般來說，緩衝式的滑軌能降低開關時的噪音，並且能夠避免過度用力開闔而造成縮短五金的使用壽命。

02 旋轉式拉盤適合廚房轉角

廚房規劃轉角處的畸零空間，總是令人頭痛不已，建議選擇「旋轉式拉盤」，如蝴蝶式或花生式的轉盤，妥善利用廚房畸零空間的每個角落，尤其廚房空間瓶瓶罐罐多，需要靈活使用空間，讓下廚變成一種享受。

03 衣櫃太高可用下拉式衣桿

所謂下拉式衣桿，為的是方便使用者在面對高處衣物吊掛時，可以更便利使用。當吊掛衣物高度超過 190 公分，改為下拉式的方式容易拿取，但搭配的五金要慎選，才能延長使用壽命。

五金價格以個計算，因此五金數量一多，則總價也會隨之提升。
攝影_江建勳

04 軌道要視門板材質而定

滑軌主要是由軌道和金屬滾輪組成，若門板材質再加上玻璃或金屬，其重量變重，用久了金屬容易變形。因此在挑選軌道時，應算出門片整體重量，再去選擇適當五金即可，安裝時也要注意門板和滑軌有無成一直線。

收納櫃兼具隔間功能，可以讓空間機能多元化，不過五金配件也要慎選品質優良的產品，增加使用便利。
圖片提供 _ 亞維設計

?? 裝修迷思 Q&A

Q. 櫃子門片用久有鬆脫的情形，是鉸鍊的品質不好嗎？

A. 門板鬆脫的問題除了和鉸鍊有關之外，門板材質的好壞也是關鍵。一般木心板本身有「分心材」和「邊材」兩種，分心材較硬實，邊材密度較低、材質較蓬鬆，因此門板若為邊材製成，與鉸鍊接合面的支撐力就容易不足，容易發生門板掉落的情形。

Q. 買不到一年的櫃子，抽屜竟關不起來，是用了品質不好的滑軌嗎？

A. 建議在挑選時，若現場有展示品讓你使用，可親手試試開關櫃子的順暢度，感受五金的品質和手感。另外，如果對五金的產地有疑問，也可以請店家出示相關的測試報告和證明。

裝修名詞小百科

拍拍手：無把手櫃門設計，因採取「按壓」方式來開關門片，無需預留門片開啟的位置，相當適合強調平滑表面的櫃體。但需要注意的是，在這類五金的使用上，不建議將櫃門做得太大片。

足元抽：是日本語，一般常見於日本電視節目或翻譯書籍，意思是踢腳抽，也就是利用廚具的踢腳板空間，所做的底部空間再利用，適合小空間使用，增加空間收納效能。

小怪獸：其實就是俗稱的轉角收納五金，因採「連動式拉籃」設計，拉出來時，還要再一個轉折才能帶出連結的內部拉籃，有如「機械怪手」般，將空間運用淋漓盡致。

老鳥屋主經驗談 —— 黃太太

我家的廚房收納有一個和冰箱齊高，深度也一樣的收納櫃，當初和廠商溝通時，寧願花多一點的錢選購好一點的五金，讓滑軌在拖拉時是順暢的，也不要不方便抽取，畢竟多花一些錢，讓櫃體使用時限長一點比較便利。

隔間計劃

台灣的居住空間雖然不似香港或是日本的狹小，但空間規劃如果得當，能放大空間感，而隔間的設計手法和形式，是決定的住要因素。而隔間的建材最好要防火材質，確保居住安全。如果要兼顧隱私和開放，拉門或布幔都是好選擇。

重點 Check List !

☑ 01 隔間的結構、材質、機能

市面上可用來做隔間的工法和建材選擇性頗多。以磚造隔間的隔音效果最好，但費用較高，而木作隔間雖然便利，但隔音頗差，可以依據自身需求和預算做規劃。
→詳見 P092

☑ 02 特殊隔間的妙招

如果希望空間保持靈活度，特殊隔間的手法可以考慮，比如用活動隔屏，增加空間視覺延展性，拉門更是可以讓空間保有完全開放性和私密性兩種選擇。
→詳見 P094

☑ 03 無隔間全開放式的竅門

利用建材的轉換、牆面色彩的改變，或是地坪高度的起伏變化等方式，切換空間語彙，是想要在開放式空間，置入分隔暗示的好方法。　　　→詳見 P096

職人一　朵卡空間設計　邱柏洲

小坪數的空間用布簾做輕隔間

布簾屬於輕隔間的一種方式，但更加予人柔軟舒適的感覺。有些人會用布簾當更衣間的屏蔽，既輕盈又不佔空間，也可以用來區隔書房或工作區域，對有些在家辦公的人來說，只要拉起布簾就宛如在另一處空間，也是一種隔間小技巧。

職人二　亞維設計　簡瑋琪

盡量選擇防火材質的隔間建材

居家的隔間裝潢，建議盡量挑選防火材質比較安全，比如磚造結構、矽酸鈣板或水泥板等具防火功能的建材，雖然木作比較輕便，但通常是商空為了圖快速或省預算而做的選擇，但居家畢竟還是要比較重視居住安全。

隔間上方用清透玻璃做窗戶，側面則用隱藏式拉門，讓空間有穿透感，也保留隱私的選項。
圖片提供 _ 亞維設計

隔間的結構 & 材質 & 機能

照著做一定會

O1 磚造隔間

一般泛指使用磚體疊砌而成的牆體，其材質不論是紅磚、石磚或
空心磚等類，因施作方式差異不大，多半統稱磚牆。

以磚材打造的階梯式隔間牆，增加了空間的活
潑感，空間不會顯得太封閉同時保有區隔性。
圖片提供 _ 亞維設計

Point ▶ 紅磚 VS 白磚比較

類型	特色	缺點	工時	價格
紅磚	隔熱性強，耐磨度高，風化的抵抗力和耐久性高。	由水、泥沙混合砌牆，易產生白華現象（壁癌）。	較長	價格高
白磚	重量輕、隔音、隔熱、防火。	質地較鬆軟不能承掛重物，不能隨便釘釘子。	較短	價格低

O2 RC 牆

利用鋼筋與混凝土灌漿而成之牆體，即一般俗稱之 RC 牆，是台灣建築物外牆普遍使用
的牆體構造，有些建築隔間牆以 RC 灌漑，厚度會達 15cm 以上。

Point ▶ RC 結構 VS. SRC 結構比較

類型	抗震原理	運作原理	適用樓層高度
RC 牆	靠剛性抗震	RC 造的房子剛性較大，搖晃的位移量小。	一般 10 層樓以下的房子
SRC 牆	靠韌性抗震	由鋼骨造的房子韌性佳，搖晃的位移量大，特性是靠搖晃較大幅度來抵銷地震水平利的能量。	中高層建築

O3 木作隔間

以木質角材為骨架，外層再封上夾板、木心板或加工皮板、矽酸鈣板以及水泥板等，作
為表面修飾，內部則填充吸音材質。由於木材具有可塑特性，因此木作隔間多運用於特
殊造型壁面，或結合門作隱藏式牆面的設計。

04 玻璃隔間

以大面強化玻璃作為主要材質的牆面，通常拿來作隔間的玻璃厚度大約在 10mm 左右，若想加強隔間的隔音效果，隔間的上下固定框要確實密封。

05 輕隔間

一般泛指以輕型金屬構材為骨架，表面再以石膏板、水泥板或矽酸鈣板等板材包封。依照內部填充材料和工法不同，分為「輕質混凝土隔間」、「乾式輕鋼架隔間」。

Point ▶ 乾式輕鋼架隔間 VS. 輕質混凝土隔間比較

類型	表面材質	內部材質	施工方法	工時	適用空間
乾式輕鋼架隔間	石膏板、矽酸鈣板等	岩棉、玻璃棉等吸音材	架好骨材→填充玻璃棉或岩棉→石膏板或矽酸蓋板封板	較短	客廳、書房、臥房
輕質混凝土隔間	纖維水泥板	水泥混砂	架好骨材→纖維水泥板封板→預留孔洞→灌注水泥	較短	客廳、書房、臥房、衛浴、廚房

?? 裝修迷思 Q&A

Q. 想增加另一間書房，但空間看起來很小，只能放棄嗎？

A. 全密閉式空間雖具有隱私，但容易讓人覺得空間狹窄，不妨變換隔間材質和形式，利用拉門或具穿透性質的玻璃，改為開放式的空間設計。

Q. 聽說矽酸鈣板的牆面易脆，不能掛重物或釘釘子？

A. 表層為矽酸鈣板的隔間，多為輕鋼架隔間或木隔間，內部為中空填入吸音材料，若想在牆面掛畫或釘釘子，要先找到角材的位置以及選用適合釘子。否則隨處釘到中空處會使得整面牆剝落。

📖 裝修名詞小百科

SRC 牆： 要是以鋼骨與混凝土結合而成的建築結構，施工工期短，且抗震強度優於 RC 結構或磚造結構。

交丁： 是在砌磚及鋪設木地板時經常會聽到的用語，所謂「交丁」指的是磚或木地板以交錯方式排列，而「不交丁」則是整齊排列、縫隙對齊的排法。

🏠 老鳥屋主經驗談 ▌ —— Tina

隔間的建材有很多種，如果希望隔音好一點，還是推薦「磚造隔間」為佳。但如果僅是儲藏室或是更衣間，其實用矽酸鈣板隔間就可，便宜且施工比磚造容易很多。

特殊隔間的妙招

照著做一定會!

O1 隔屏

Point ━ 類似屏風營造視覺穿透度

當空間想具靈活性,但又想要區分空間機能時,就能利用活動隔屏來拉出空間界線,創造不同區域;如要隔屏上方裝設玻璃,營造更好的視覺穿透度,建議使用厚度 8mm 的即可。但如果是裝設落地型的玻璃隔間,為了增加安全性,則建議使用厚度 10mm 以上的強化玻璃,才不易因碰撞而碎裂。

O2 拉門

Point ━ 可屏蔽空間且不佔面積

拉門是個可屏蔽空間,不佔面積可節省空間的作法。打開就成了開放空間,闔上就成了私密空間。通常會運用在廚房、書房,像廚房如果料理的油煙味較重,可利用拉門將味道屏障,書房也會因為拉門的靈活性,時而隱私時而開闊。若有一房多用的需求,建議做一個多機能空間,採取折門、橫拉門設計,便能適時轉換成密閉或半開放。

書房因拉門的靈活性,時而隱私時而開闊,也界定了與客廳之間的距離。　攝影_Yvonne

O3 櫥櫃式隔間

Point ━ 減少隔間牆厚度且擴充收納機能

利用櫃體來當隔間,一舉數得。通常會用書櫃或是餐櫃,當客廳與書房或廚房之間的隔間,因為櫃體沒有頂到天花板,無形中會保留視覺的寬鬆度,不顯得壓迫,但同時又有隔間的效果。或者運用雙面櫃作為區隔空間的元素,除了減少隔間牆的厚度,又能創造出兩面都能使用的機能設計,為空間擴充更大的收納需求。

小坪數玄關經常因為空間過小,導致鞋櫃空間不足,此時可結合多種機能,巧妙解決鞋櫃空間不足的問題。攝影 © 劉士誠

04 布簾

Point 彈性區隔且保有隱私隔間技巧

以若有似無的玻璃拉門及麻紗布簾作為兩者間的彈性區隔，可以讓空間視覺全然解放，而只要拉上落地布簾，又能保有私領域的隱密性，形構靜謐的獨立空間。就空間的連續性而言，利用玻璃的穿透性加以強調，但隔間手法仍同時達到區隔及視覺穿透兩個目地，加裝布簾則能維持私人空間的隱密性。

小坪數的空間運用，可以利用更靈活的技巧，比如客廳和臥房以布簾做區隔。　圖片提供＿朵卡空間設計

?? 裝修迷思 Q&A

Q. 拉門隔音效果好嗎？

A. 如果要重視隔音，通常則建議磚造砌牆，臥房的隔間不建議用拉門的方式。但其餘的空間，像是書房、客房、廚房等空間，因為並非晚上就寢的地方，對噪音敏感度相對沒有這麼在意，就可以嘗試利用拉門增加空間靈活度。

Q. 用布簾隔間，會不會久了累積很多灰塵，清潔不易？

A. 用布簾來隔間，就跟家中的窗簾道理一樣，建議可以有一套備品供替換。布簾的軌道拉桿也可以選擇容易拆解的五金或設備，方便清潔打掃時取下。選擇的布料如果較薄，可能自行用洗衣機清洗即可，如果較厚，建議送洗比較方便。

裝修名詞小百科

隱藏式拉門： 顧名思義，就是收納起來時看不到門，即為隱藏式拉門。通常這種拉門會以門片做分段式收納，一片接一片的隱藏在壁面內。好處是當拉門收起來時，空間看起來就像一個完整的開放空間。

橡皮門檔： 具緩衝效果的橡皮門擋，通常運用在活動隔屏或拉門的上下軌道尾處，可以消緩開闔時的力道導致的聲響，也讓軌道的五金同步減少撞擊，延長使用壽命。

老鳥屋主經驗談 —— Lilian

我上一個房子因為空間較小，臥房內的衣櫥就是用布簾當屏蔽，而且我選了很漂亮圖樣的布品，當布簾懸掛在空間內，不但遮擋衣櫃，也美化了視覺。

無隔間全開放式的竅門

照著做一定會

O1 地面材質的轉變

Point ━ 材質變化分割空間並維持空間開放

像是在玄關處採用大理石拼花圖樣的地磚，客廳區域則是木地板，雖然空間是相連開放的，但地面在材質和視覺上的變化，無形中區分了兩個區域，這樣利用材質變化也會省卻一筆隔間的費用。

玄關處的地板鋪設美麗的花磚，增添空間風采，同時無形中區隔空間。　圖片提供_亞維設計

O2 地坪高度的改變

Point ━ 地板的高低差創造區域感

將靠窗邊的位置鋪高 10 公分，變成類似和室的臥榻區，自然的分割了區域。有的人甚至會做階梯狀分割，可能第一階可坐可臥，再上一階當書房，而墊高處的下方都留作收納，善用空間。

在空間內切割了一小塊區域，用架高地板搭配清透玻璃的方式，延伸空間視覺感。　圖片提供_亞維設計

O3 牆面色彩的改變

Point ━ 色彩變化對視覺影響的區隔

客廳牆面刷上白色，而餐廳刷上橘色壁面，雖然兩處空間相連，並未做隔間牆，視覺還是會因為區域色系的差異，自然而然區分空間屬性，但配色上建議不要做太滿，免得視覺容易感到壓迫。

O4 利用天花板的變化分割區域

Point — 色彩變化對視覺影響的區隔

利用造型天花，區分玄關與客廳之間。運用
不同材質或造型的天花，除了可以豐富過
道的視覺感受，也暗示了空間過渡的轉換。
也可以客廳不做天花板，僅餐廳做天花，也
是一種變化性，暗喻空間區別。

設計師利用天花變化，區隔出客、餐廳與進入臥房的
走道空間場域，且兩扇門用木材雕出一棵樹的造型，
彷彿為走道盡頭的一幅畫作。　圖片提供 _ 原木工坊

?? 裝修迷思 Q&A

Q. 牆壁漆不同顏色費用比較貴？

A. 現在油漆已經有許多配色可選，如
果不是特殊用色需要油漆師傅現場配
色，而且也不會用到太多色彩，導致每
一桶油漆都用不完的話，基本上整室刷
白色，跟牆面上不同顏色的費用相距不
大。

**Q. 不做正式的隔間會不會讓空間區
分不夠明顯？**

A. 間接式隔間只是將空間略做區隔，
當然不能取代正式的隔間牆，但其實
居家生活應該以自身的感受為主，畢
竟客人也不會天天來訪，因此只要自
己心理上可以接受就夠了。

📖 裝修名詞小百科

彈性隔間：就是較具彈性的隔間方式，
運用折門或玻璃隔間適時將空間轉換成
密閉或半開放。公共區域也能利用具穿
透感材質或可移動的門片、櫃體等，達
到開闊及具遮蔽的效果。

木絲水泥板／纖維水泥板：以木刨片與
水泥混合製成，結合水泥與木材的優
點，兼具硬度、韌性與輕量的特性，多
半被用於裝飾空間的面板；纖維水泥板
以礦石纖維混合水泥製成，吸水變化率
小，具防火功效，適用於乾、濕兩種隔
間上。

😊 老鳥屋主經驗談 — Juila

我喜歡開放式空間的寬闊感，但又希望空間有所區分，因此我是用色彩來區隔空間。客
廳的部分是用淺綠色搭配象牙白，餐廳則轉換為豆沙色，色調比較柔和細膩。

照明計劃

從實用的角度來看，燈具身負居家照明的重責大任，而從美學的角度，燈具所散發的光輝能左右空間的氣氛，各式獨具風格的造型燈具通常能成為空間中讓人驚艷的主角。當然，燈泡與燈具的相輔相成、燈泡的色溫和演色性，都會影響空間的氛圍情境。

重點 Check List！

☑ O1 正確配置燈光的技巧

不同機能的空間對照明的需求也不同，需求也會讓選擇款式有所差異。提供空間角落使用時，照明具指引功能，多半會選擇立燈或桌燈穿插使用；至於臥房床頭旁則會選擇桌燈或閱讀燈，除了當簡易照明使用外，睡前閱讀時也不會覺得光線不足。　　→詳見 P100

☑ O2 天花板隱藏燈的設計祕訣

間接照明（Indirect Lighting）同時也稱為反射照明（Reflected lighting），指的是燈具不直接把光線投向被照射物，而是通過牆壁、鏡面或地板反射，營造出一種柔和、「見光不見燈」的照明效果。常以複層天花、平面流明、特殊洗牆與重點式加強光源呈現。　　→詳見 P102

☑ O3 常被忽略的牆面光源手法

重點式的照射空間中垂直的牆面，透過牆面光線的反射能營造空間的放大與挑高感，也讓人感覺更加明亮。並可利用加裝投射燈、洗牆燈、背光燈、踢腳燈、波浪燈等營造不同牆面表情。　　→詳見 P104

☑ O4 門扇＆櫥櫃的光源

門扇可以運用自然光的流動讓居家呈現有趣的光影變化，而櫥櫃的燈光則能以直接、遮蔽、間接性的手法展現空間的特殊處與提升場域質感。　　→詳見 P106

職人應援團

職人一 杰瑪設計 游杰騰

兩到三種照明讓公共空間有變化

公共空間建議可以使用兩到三種照明，主要照明的基本照度可用來看電視、看書，並以
間接方式呈現較為柔和不刺眼，再來可以搭配嵌燈調整空間照度，並依照空間需求運用
立燈、桌燈讓照明更有變化。

客廳通常是全家人活種的核心位置，大面積的開窗能同時引進景觀與自然光，成為居家最重要的裝飾；另外
為了兼顧隱私可以搭配百葉窗、窗簾，以便視需求開闔，讓生活更具彈性。 　　　圖片提供＿杰瑪設計

PART **1**

正確配置燈光的技巧

照著做一定會

01 常見燈光種類與空間運用重點

種類	特色	空間運用重點
吊燈	吊燈特有的垂吊感可為空間中的垂直線條增加亮點，造型多變，很容易成為空間裡的焦點。	可擴大使用範圍在不適合使用立燈的區域，如客廳大茶几或邊几上、餐桌、吧檯、樓梯間、臥房角落等。
立燈	用途為桌、檯燈的延伸，底部有底座或腳架可支撐立於地面。裝飾性強的立燈，可為空間增添層次感。	多置於空間一角，可選擇適合空間高度的立燈做配置，統合空間視覺，讓視覺有區隔與層次。
桌燈	桌燈基本上可分為 Table 及 Desk 兩種，Table 桌燈以營造氣氛圍主，Desk 就是閱讀燈，以照明功能為要。	Table 燈適用於床頭櫃、矮櫃、邊桌等；也適合放於地面。功能性的 Desk 燈，適用於客廳茶几或書桌。
壁燈	讓光的水平線從較低的桌、立燈，拉高至壁燈的高度，透過光影讓牆面產生光影層次變化。	通常以牆面裝飾為重，適合用在狹長的走廊、過道、樓梯轉角。

02 立燈營造不同空間層次感

經常性使用空間的立燈，可選用打向天花的 200W～300W 的 2 米高立燈作為空間照明；小空間則可在沙發旁、書櫃旁等區域擺放 160 公分高的立燈，營造空間層次並具閱讀燈功能。

要讓立燈突顯出其特色與重點，就是將它放在有適當留白的空間；且立燈附近傢具不宜等高。　　攝影__ Yvonne

O3 空間的吊燈配置

現在很多小坪數空間，為了充分利用空間，餐廳都與客廳或其它空間共用，使用時才搬出餐桌。像這種餐廳就非常不適合使用吊燈，只能選用半吊燈及吸頂燈，才不會影響到人的行走。而吊燈距離桌面的高度，必須控制在 70 ～ 80 公分

裝吊燈前要確認該空間能容納的高度，若因空間不足將吊燈鎖鏈縮短，只留燈體就失去裝吊燈的意義。攝影__ Yvonne

O4 桌燈避免眩光

在選擇桌燈時首先要注意的，就是避免眩光和反射光的產生。眩光會造成閱讀時不適，容易造成眼睛疲勞、酸痛、或頭痛等。

O5 壁燈與空間的關係

客廳通常會搭配吊燈或吸頂燈，這時客廳壁燈的功能即是局部照明的效果；臥房光線以柔和、暖色調為主，壁燈宜用表面亮度低的燈罩材料以防亮度太高影響睡眠品質；餐廳為飲食的地方，壁燈適合利用玻璃、塑膠或金屬材裝質的燈罩，至於衛浴壁燈則需要防潮功能。

若為兒童使用的閱讀燈，要選有防燙罩的款式。

?? 裝修迷思 Q&A

Q. 搭配燈具要實用還是有風格？

A. 建議仍以風格作為考量，像是北歐風格，燈具線條除了造型簡潔，線條也會選擇較柔和的款式；若古典風格，則可搭配水晶造型壁燈，利用燈影變化，加強風格表現。

Q. 多配燈具空間會比較明亮？

A. 保持一個空間一個主燈的原則，最好不要同時有立燈又有吊燈，尤以立燈正上方更不宜有吸頂主燈，太多燈具會模糊焦點。

裝修名詞小百科

白熾燈泡：俗稱電燈泡或白鎢絲燈泡，是透過通電、電流通過鎢絲，使鎢絲加熱至白熾狀態而發亮，屬於全光譜的光源。

鹵素燈：又稱鹵素杯燈，是白熾燈的一種，易發熱與耗電。是在燈泡內注入碘或溴等鹵素氣體，亮度高且光源集中，體積小容易安裝。

老鳥屋主經驗談 —— May

燈具的清潔頻率，需依住宅環境空氣的落塵量而定，一般約每半年清理一次即可，若是位於車水馬龍的大馬路旁這類落塵量大的環境，則要增加清理頻率。

< 101 >

天花板隱藏燈的設計祕訣

照著做一定會

O1 複層天花藏燈光

利用有層次的天花造型，在天花板下層的四周藏燈光，可呈現全空間的均勻反射光源，也是一種間接照明的手法，作為空間的基本照度也較柔和不刺眼。

除了在天花板中藏燈光讓光線柔
和，也在天花大樑藏燈虛化量體。
圖片提供__杰瑪設計

O2 平面流明效果

流明天花是裝潢設計常見的作法，也是早期即被運用在居家內的照明設計，在愈來愈多的設計創意與多元需求下，流明天花的設計概念也被轉移運用在牆面、地板或者柱面上，尤其是商業空間中相當普遍。

開放式空間中，捨棄傳統餐桌上方吊燈，改以
大面積流明天花板嵌長燈管為主要照明，同時
照亮廚房及餐廳並維持整體空間的穿透性。
圖片提供__杰瑪設計

O3 製造特殊洗牆光

洗牆燈泛指用於投射在牆面的光源，牆面上會形成光暈漸層的效果，現在很多室內設計師也將洗牆燈用於室內營造不同的照明情境。而在靠近牆面的天花板上用暗藏的光源將牆面整個打亮的方法，可以展示牆面特殊材質或是展示品。

04 重點式加強光源

一些需要特別強調的地方，像是客廳茶几上方、餐桌中央，或某個特殊的角落，可以利用框架形嵌燈組或單一投射燈來做加強及效果。

運用立燈投射向上和往下兩個方向的光源，不用大規模改造居家就能營造柔和的間接燈光效果。
攝影 _Yvonne

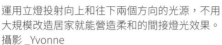

?? 裝修迷思 Q&A

Q. 沒有木工裝潢的天花板，能否做出間接光源的效果呢？

A. 最簡單的方式就是在高櫃的頂端，或是懸空的櫃體下方配置燈管（以燈管不會被看見為原則），就能分別在天花板及地面上營造出間接光源效果，因為燈管被遮掩而不會有刺眼感受，透過折射的光投向空間也會更加柔和。

Q. 喜歡溫暖的黃光，買燈泡時要怎麼挑選呢？

A. 在挑選燈泡時可特別注意外包裝上的註明。一般色溫度在 2,700K ～ 3,000K（也就是黃光）的光源，被稱之為暖色光，這種具暖意的光可讓人心情隨之放鬆，提高食欲，因此適合用於餐廳、臥房等需要溫暖的空間；至於色溫值達 6,000K ～ 6,500K 者被稱作晝光色（也就是白光）可讓空間明顯感受明亮。

裝修名詞小百科

直接、間接光源：直接光源是指將光源全部直接照射於需要光線的平面上；而間接光源則是光源全透過介質，再反射到需要光線的平面上。

色溫：色溫表示的單位是 K（Kelvin），乃是用物理性、客觀性的尺度來表現光源的色調，是決定照明場所氣氛的重要因素。一般色溫低的話，會帶有橘色，表示具有暖意的光；隨著色溫增高，就變成如正午的太陽光一般，為帶有白色的光。若色溫再升高則呈略帶藍色、清爽的光。

老鳥屋主經驗談 ── Andy

直接光源因為可直接打光在需要的平面上，照度效率最高，因此也最省能源。至於間接光源則是將光照射在天花板牆面上或是其他的介質上，造成光線的折損，亮度因介質反射而衰減，所以若想讓直接光與間接光達到同等亮度，間接光源會更耗電，但是在光源的柔和度上，間接光源明顯較為舒適，讓人感覺到更放鬆呢！

常被忽略的牆面照明設計

O1 裝飾牆面加投射燈

聚光燈內部設有聚光裝置，會將光線投射在一定的區域內，讓被照射物體獲得充足的照度與亮度，常用來凸顯空間中的重點。在裝飾有圖畫、藝術品的牆面能利用投射燈來強調其美感，還可搭配天花板軌道的應用，讓燈光配置更有彈性。

餐桌上吊燈除了當用餐時照明，也能調整角度投射牆面，作為提升展示品質感的用途。
圖片提供__杰瑪設計

O2 玻璃牆面加背光燈

如果你有一片霧面玻璃牆面，千萬要記得在背後多加一個光源，這樣才能襯出玻璃晶瑩獨特的美感。

O3 厚重牆面加踢腳燈

厚重而無變化的牆面藉著下方嵌入的踢腳燈，就能變得輕盈有趣。而踢腳燈能打亮局部空間，使用 LED 燈條更能像條光帶，蔓延室內帶來柔和光亮。

O4 連續牆面加波浪燈

利用平均間隔的嵌燈（約 70 ～ 90 公分一盞），並離牆一段距離（約 35 ～ 55 公分），就可以打出具有波浪效果的漂亮燈光。

O5 立體牆面加洗牆燈

重點式的照射空間中，垂直的牆面透過光線的反射能營造空間的放大與挑高感，讓人感覺更加明亮。刻意設計具有立體效果的牆面，最適合採用暗藏式的燈光，呈現出「洗牆」的效果。

運用電視牆後方的間接燈光與旁邊懸掛的吊燈營造空間氣氛。圖片提供＿杰瑪設計

?? 裝修迷思 Q&A

Q. 牆面顏色較深的空間，是不是需要提高燈光照度？

A. 顏色較深的牆面會有吸收光線的現象，而顏色較淺的則會有反射光線的效果，因此若一面深色牆想要達到與亮色牆一樣亮度，需要提高燈光的照度或是流明數。不過從設計的角度來看，牆面的色彩選擇通常有其設計的考量，並非只求亮度，所以必須依現場情況做調整。

Q. 牆面光源的設置高度為何？

A. 一般壁燈的高度，像是客廳、走廊、玄關、壁燈多為引導照明使用，距離地面較高，約 2 米 4 ～ 2 米 6；而臥房的壁燈作用多為營造氛圍，距離地面較近，大約在 1 米 4 ～ 1 米 7 左右。而在樓梯側牆上以等距離間隔安置小嵌燈，光源方向可照射在階面上，增加行走安全性。

裝修名詞小百科

流明數（Lm）：為燈泡所直接散發出的發光量，數值愈高則愈亮。

照度（Lux）：是指一定距離下，單位面積內被照物所接受的光源量，用來表示某一場所的明亮值。

樓梯側面安裝台階燈，間接的柔和光源，具美觀且安全導引樓梯動線。圖片提供＿文儀室內裝修有限公司

老鳥屋主經驗談 —— May

如果能搭配牆面顏色，更能突顯主題效果。例如兒童房內使用黃光、並選擇可愛造型燈具、高彩度的壁面顏色，透過黃光產生互補色效果，就能營造出比白牆更明亮的視覺作用。

門扇 & 櫥櫃的照明設計

照著做一定會

O1 半透光的門扇

木框邊配上木格造型加上噴砂玻璃這樣的組合最適合用來引進光線，物件在線條的陰影中更顯美麗。

O2 挖洞造型門扇

挖洞也是一種表現物品深度的方法，由上而下、側面或由下而上不同的投光角度，在不同位置打上的燈光都會形成不一樣的光影效果。

O3 櫥櫃直接性光源

像常見的展示櫃，在櫃內的上方加上嵌燈直接向下投射，使整個光度由上向下照亮。

公共空間與過道之間的展示牆可利用燈光 360 度展示收藏品。
圖片提供__杰瑪設計

O4 櫥櫃遮蔽性光源

利用壓克力或是噴砂玻璃這種霧面半透光材料遮擋住燈泡及器材，使光線更加柔和，讓展示品營造不同的效果。

O5 櫥櫃間接性光源

在設計櫥櫃時使用特殊造型，並將燈源作適當的隱藏，然後借由櫃深或壁面加以反射，達到想要的效果。

除了柔和的全室採光外，玄關櫃側邊加入間接照明，方便使用及營造焦點。攝影_沈仲達

?? 裝修迷思 Q&A

Q. 廚房只有主燈，料理檯面太暗了如果加強亮度比較適合呢？

A. 在工作檯面區段可利用吊櫃下方位置加設層板燈光，如此可讓光源直接打在洗滌、準備及料理工作區確保安全。

層板燈做為一進廚房時的首先照明，開冰箱等短暫停留時只開層板燈即可；若是較長時間的料理烹煮，則再開啟流理台上方的嵌燈。
圖片提供 _ 杰瑪設計

Q. 如何運用門窗享受自然光源？

A. 只要在外牆牆面設計鏤空的小窗，就能技巧性地引入光線。此外利用百葉窗讓天光透過規律整齊的縫隙流洩入室，營造柔和不刺眼的明亮光暈，創造室內有趣的光影變化。

📖 裝修名詞小百科

演色性：能夠表現色彩真實顏色的程度。

朝天燈：屬於柔和的反射燈光，當做整體光源或局部光源皆可。

👤 老鳥屋主經驗談 —— Jerry

許多進口櫥櫃會在櫃內加設燈光，這樣一開櫃門就可以清楚地看到內部，避免燈光由外照入時有死角不易尋找物品，這也是相當貼心的設計。

發包
體檢
預算
設計圖
配置空間
建材
收納
隔間
照明
配色
法規
工班
報價單
裝修時程
裝修合約
基礎工程
設備工程
裝飾工程
軟裝選搭
驗收
入住

空間配色計劃

空間內的色彩，也是一種裝潢手法。透過壁面、軟件甚至建材本身的色澤，拼裝成視覺樣貌。配色上可以依據喜好決定色彩變化，明度低一點（添加黑色漆料）能創造景身深一點的視覺效果，明度亮則帶來活潑氣息。

重點 *Check List !*

☑ *O1* 環境色彩的搭配重點

顏色是空間內的一大重點，依據選擇的顏色，決定了空間給人的感受。白色代表放鬆，深色系讓人感到沈穩低調，活潑色澤帶來雀躍感。　　　→詳見 P110

☑ *O2* 認識材料色

在一個空間中，往往混合了不同質感的建築材料，交織組成環境裡的配色方案，突顯空間特色，色彩與材質之間也創造了不同的視覺感受。　　　→詳見 P114

☑ *O3* 認識塗料色

是一般大眾常使用變換居家色彩的方式，常見多以同色系、鄰近色或互補色等搭配方法做表現。除了色彩與色彩間的搭配，也可利用彩度微調空間感受。
→詳見 P116

☑ *O4* 認識軟裝色

每種物件都有屬於自己的色彩，軟裝飾品也不例外，不同色彩營造不同氣氛，帶來不同視覺感受。軟裝色彩的搭配，可以透過對比、協調和混合等方式來呈現變化。　　　→詳見 P118

職人應援團

職人一　亞維設計　簡瑋琪

善用材料原色，營造空間氛圍

很多建材本身的表面帶有樸拙感，捨棄上色和處理，不僅省下錢，也能讓因為保留建材原有紋理，而讓空間整體帶有自在感。比如夾板結合鐵框，不同材質的結合，可以讓空間視覺變化更富有層次。

職人二　朵卡空間設計　邱柏洲

小面積塗刷在牆面，比對光線變化

油漆的顏色往往最容易有爭議的一點，明明同一個顏色，但小面積和大面積的視覺效果卻不一樣，而且光線變化，明亮和陰暗看起來也會有所差異。所以建議先請油漆師傅將油漆顏色塗刷在牆面不同角落，過一段時間再觀察色彩的變化。

客廳選用舒適放鬆的天空藍，餐廳則切換成淺色壁面，深淺配色增添空間視覺立體感。
圖片提供 _ 朵卡空間設計

發包
體檢
預算
設計圖
配置　空間
建材
收納
隔間
照明
配色
法規
工班
報價單
時程　裝修
合約
工程　基礎
工程　設備
工程　裝飾
選搭　軟裝
驗收
入住

環境色彩的搭配重點

照著做一定會

O1 先決定大面積色彩

Point ▶ 決定視覺最大面積為空間重點

考慮的順序可以由牆面→天花板→地板→傢具→窗簾，決定好最大面積，其它再以重點配色做跳色。

O2 同色搭配最安全

Point ▶ 跳脫單一色彩的單調

同色搭配法的最大好處，在於色彩彼此之間高度同質性而產生和諧感。這可說是最安全，也被人接受度最高的配色。若應用在空間，不妨強化用色比例或拉大色階差異，藉由顏色的主從關係來增加活潑感。

O3 繽紛的鄰近色搭配法

Point ▶ 色票卡上相鄰的兩到三個色相

相鄰的色相，可組成悅目又豐富的配色。若全用鮮豔的純色，可產生鮮明的躍動感；若以中間色、淺色或深色，則顯得柔和又繽紛。鄰近色的配色在大自然很常出現，例如藍中帶綠的湖水、紅黃褐的斑斕楓紅，構成繽紛又和諧的萬千世界。

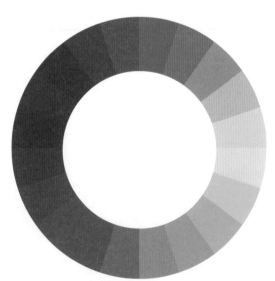

近色或是同色系的顏色最能協調，像黃色就可以用橙色相配。

04 強烈對比互補色

Point ▶ **選定主色相對面即是互補色**

若以色票卡來看，最基本的互補色有紅 VS. 綠、藍 VS. 橙、黃 VS. 紫這三種組合。我們若凝視某種顏色，久了之後，眼睛就會因為疲勞而自動在視網膜加上它的補色，好讓感官獲得休息。

05 摸索色彩獨特個性

Point ▶ **用色相、明度、彩度精確看待色彩**

些微明暗層次或彩度鮮豔程度的變化，就足以改變色彩的面貌；而每看一個色彩，就會自然湧出不同心理感受，使每個色彩都有其獨特個性。

Point ▶ **色彩 VS. 心理感受的對照參考**

感受 / 情緒	顏色	色系	感受 / 情緒	顏色	色系
甜美			紓壓		
浪漫			睿智		
熱情		紅色系	開朗		藍色系
奢華			冷冽		
喜悅			深沉		
友善			清新	淺綠	
積極		橙色系	生機	正綠	綠色系
豐盈			樸實	墨綠	
愉悅		黃色系	浪漫		紫色系

06 視覺強烈的「三角搭配」

Point ▶ **色相屬性差異大的三個顏色**

12 色的色相環有五組「三角搭配」。 其中，以「紅、黃、藍」的三原色最為搶眼。至於二次色的「橘、綠、紫」，由於彼此具有共通性，衝突感因此降低。三次色的黃綠、藍紫、橙紅，以及橙黃、紫紅、藍綠這兩組，對比依舊出色，但感覺更為和諧。

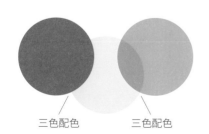

三色配色　　　三色配色

採用三個顏色搭配，但需在色相環上距離相同。例如紅、黃、藍的配色就是三色配色。

分列配色

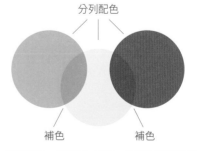

補色　　　補色

分列補色，採用某一顏色，再以其補色兩邊的兩色作為搭配的配色方式。

07 從日常生活用色和選擇色彩

Point ▶ 空間風格的自我形塑

每個人或多或少都有自己比較偏好的色彩，如自己喜愛的服裝色系。試著將這些顏色「轉移」或「放大」到住宅空間裡，就容易找到符合自身喜愛的色彩傾向。

大地色系的空間配色，沈穩了空間，讓色彩舒緩了一天的忙碌，回到家可以好好放鬆。
圖片提供 _ 朵卡空間設計

08 善用「色彩案例」及塗料專業

Point ▶ 色彩是需要眼見為憑或親身體驗

最直接的方式是，善用國內外裝潢雜誌、坊間出版的色彩書，透過圖片輔助參考，來協助想像未來的空間風格。油漆的顏色往往最容易有爭議的一點，是明明同一個顏色，但小面積和大面積的視覺效果卻不一樣；而光線變化讓明亮和陰暗看起來也會有差異。

施工前先請油漆師傅將油漆顏色塗刷在牆面不同角落，過一段時間再觀察色彩的變化。
圖片提供 _ 朵卡空間設計

?? 裝修迷思 Q&A

Q. 配色上有什麼建議？

A. 色彩選擇要因人而異，在空間裡運用色彩，多少都有受到心理學影響，像是個性較低沈的人，則建議選擇亮度及彩度較亮的色彩搭配，如黃色及紅色，若是個性較急燥的人，則建議選擇較冷色系搭配，如藍色，讓情緒起伏因空間色彩而趨緩。另外，綠色則適用在閱讀環境內。

Q. 怕色彩太重，視覺會壓迫怎麼辦？

A. 運用兩色去做反差減緩壓迫感，面對空間太過侷促時，一般會建議用白色放大空間感，但其實運用兩個色彩去做反差效果，反而會讓空間因視覺的關係而有放大感，例如綠色及黃色的對照，綠色反而會比黃色來得深邃，而有視覺延伸效果。

裝修名詞小百科

同色系：同一色相加入不同程度的黑、灰、白色，營造出深淺層次的色系，此為同色系。

對鄰互補色：選定一個主色相，它的對面即是互補色，而互補色左右兩旁即是為對鄰互補色。差距介於 150 ～ 180 度的顏色，都能構成互補。

老鳥屋主經驗談 —— 晉如

不同手法的配色，都應注意主從關係。但最簡單的方式還是透過面積大小來做調整，以空間配色來說，面積最大或最顯眼的，就是主色。

認識材料色

O1 什麼是材料色

Point ▶ 材料本身的冷暖調性

木素材質地溫和、紋理豐富，給人溫暖放鬆的感覺，而水泥質感樸實，光滑的磁磚和大理石材質則顯得冰冷，當空間出現過多冷調材質時，可以適時加入木素材中和冷冽調性，增添溫度。

貼覆文化石時，可將水泥砂漿抹於表面後再拭去，表面磚紋能就形成陳舊感，更添復古韻味。　　攝影 _ 沈仲達

O2 自然光源突顯冷暖材質

Point ▶ 以自然光來做映襯運用

藉由天然光源賦予冷暖材質更鮮明的特色表現，一來透過自然的加乘，再次突顯材質特色肌理與色澤，二來自然光因時間起落有其自身特色，投射材質上又能隨變化增添營造不同層次。

O3 異材質拼貼的對比與延續

Point ▶ 運用多元材料建構空間

可以利用不同色調的異材質，做出色調對比，鋪敘空間色彩多變性，也能以不同建材但統一色調為主軸，讓不同材質為環境創造一氣呵成的延續視覺感受。

O4 同一材質不同紋理激撞不同火花

Point ▶ 區隔空間又相輔相成

不同紋理的相同材質，可以在空間內拼湊出多樣的視覺感受，但又不會讓視線眼花撩亂，因為建材本身在素材上就是同一調性。比如不同紋理的木地板，可以在臥房的床鋪和更衣間運用不同紋理鋪成地板，有效區隔兩地。

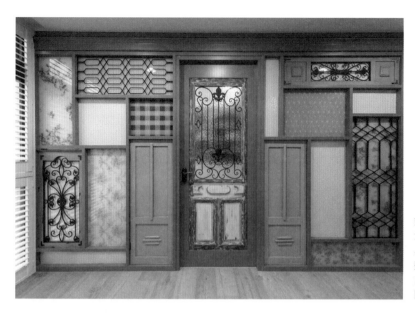

鐵件、布、木板上漆、玻璃……等多樣異質材料,色彩多變,且不同材質呈現的色澤各有不同。
圖片提供 _ 亞維設計

發包
體檢

預算

設計圖

空間配置

建材

收納

隔間

照明

配色

法規

工班

報價單

裝修時程

合約

基礎工程

設備工程

裝飾工程

軟裝搭選

驗收

入住

?? 裝修迷思 Q&A

Q. 買幾桶喜歡的油漆,直接上漆就可以搞定了?

A. 其實如果室內牆面出現風化鬆脫的粉末,甚至出現大面積的漆膜剝落,得先刮除所有粉化或剝落之漆膜,清潔牆面,確認沒有油脂殘留或灰塵,在乾燥狀況下重新上漆,選用合適之底漆,進行封固,防止面漆再次剝落。

Q. 房子的內外牆,甚至金屬、木材等不同建材,都可用同一種油漆嗎?

A. 不同建築部分需要面對的自然防護各異,將房屋分成屋頂露臺、外牆、內牆與金屬木材四個部分去選擇適合的漆料。例如油漆金屬木材,最好挑選防鏽防潮具強化底材防護力的油漆。

📖 裝修名詞小百科

色相:是色彩相貌的名稱,也就是我們所認知的紅、橙、黃、綠、藍、紫等顏色。將這六大色相逆時針排列成環狀,就是色相環。

明度:也就是顏色對光的折射程度。

彩度:也就是顏色的飽和程度。彩度越高,顏色越鮮豔,所表現的情感就越強烈。

🏠 老鳥屋主經驗談 —— Eunice

自己油漆房子很好玩,但要先做好防護才行!以舊報紙或塑膠布覆蓋地板、傢具、用遮蔽膠帶沿著踢腳板及牆角、門窗邊緣等處筆直貼牢。沒有壁癌問題的舊牆面,用抹布將牆面髒污灰塵清除乾淨後,塗刷一道得利全效底漆。

照著做一定會

O1 什麼是塗料色

Point ▶ **互補跳色為空間帶出活潑調性**

在一片和諧的空間視覺當中，享能營造耳目一新的
亮點，可以用高彩度、高明度的塗裝色彩妝點居
家，讓空間透出濃烈彩度，營造奔放的活力，但也
不要忘了適度留白，才能創造舒適的視覺感。

利用高彩度塗料變化讓空間顯得活潑。並
以傢具當為色系的搭性，讓畫面顯的和諧。
攝影 _ 王正毅

O2 光線加乘烘托塗料色調質地

Point ▶ **光線在塗料色的運用上**

除了以自然光做烘托，加乘鄰近色與中性色的調合作用，色調因此更顯融細緻。而對於
有鮮明色塊的主題牆而言，則會適度地運用間接照明光帶、投射燈等，前者藉由光帶再
帶出漸層效果，後者則有洗牆或聚攏效果，讓視覺焦點能集中於牆面鮮明色彩上。

O3 一致性色調，提升空間和諧質感

Point ▶ **想要玩色彩又不怕視覺負擔**

可以嘗試用色系相近的顏色大玩繽紛，不但不會讓人感到壓迫，也會因為屬鄰近色而有
相互呼應的協調效果。但建議還是不要一次搭配超過三個顏色，免得即使色系相近，卻
無法區分誰是主色。

O4 小面積色牆，創造空間亮點

Point ▶ **製造一些色彩又不用太多**

採用主牆或小面積的色牆是好方法，增添了空間活潑氣息，營造視覺亮點，但又不會太
多。主牆的位置，最好是挑比較沒有阻擋的牆面，沒有太多櫃體或收納架遮掩，才能突
顯主牆的氣勢。

廚房和走道中間，用一面天藍色牆面做區隔，如同畫龍點睛一般活化了空間。　　　圖片提供 _ 朵卡空間設計

發包
體檢
預算
設計圖
空間配置
建材
收納
隔間
照明

配色

法規
工班
報價單
時程裝修
合約
基礎工程
設備工程
裝飾工程
軟裝搭配
驗收
入住

?? 裝修迷思 Q&A

Q. 想讓天花板看起來更高，只能用鏡面來增加視覺反射嗎？

A. 藉由天地壁的配色，來營造高挑或穩重的空間感，將兩片緊臨牆面塗刷同色，而天花板則使用最明亮的顏色，往上延伸的直線可以引導視覺無限延伸，讓天花看起來更高。

Q. 想讓室內空間感更好，除了移動隔間牆位置，還有其他方法嗎？

A. 其實利用顏色的特性，就可創造出往外或向上延伸、感覺變大的牆面，或是抬升、朝後退的空間背景。試著統一鄰近牆面的顏色來製造出寬敞感，利用冷色、淺色的視覺膨脹效果會放大空間。

📖 裝修名詞小百科

色彩：色彩之所以能變化多端，是因為色相、明度、彩度彼此交互影響。這三個屬性組合構成各種色彩；只要光線明暗或鮮豔程度起了微妙變化，色彩就會換上另一種面貌。

三角色彩：在色彩羅盤上選定一個主色，在盤面上左右等距的色相，即是它的三角色彩（Triadic Colors）。

🏠 老鳥屋主經驗談 —— 江江

通常我們都會希望打造夢幻繽紛的孩子房，但是孩子長大後未必會喜歡。現在利用色彩塗料來裝飾孩子們的房間，未來想要改變 風格只要再重新油漆就好，非常方便快速！

< 1 1 7 >

認識軟裝色

O1 什麼是軟裝色

Point ➤ 傢具、軟件的色彩凸顯

多數人會以明亮的白色或大地色作為空
間基礎成色,而把焦點色塊擺放在傢具、
軟件的表現上,像是採用強烈的對比色、
冷暖對比色、不同肌理質地的軟裝物件,
替空間製造鮮明亮點。

深淺紅色為主調的臥房,搭配牆壁上
深藍色掛畫,更凸顯了色彩的層次。
圖片提供 _ 朵卡空間設計

O2 從空間內色彩元素,作為傢具軟裝色調

Point ➤ 用技巧讓視覺一致性

當空間整體的天地壁色調構建好後,要納入傢具、軟裝配置,又是一門功課,為了避免
出現空間色調的違和感,可以將空間裡出現的色彩元素拿來做選擇,提供視覺感受一致
性鋪排。

O3 淺色調交織,豐富空間色彩層次

Point ➤ 掌握色彩和諧度

選定同一色系,或是相鄰色系的軟件單品,在色階上跳著使用做變化,透過深淺色調的
堆疊,帶出色彩層次感,同時也隱性串起色彩連動性。

O4 光源色調變化,玩味視覺溫度

Point ➤ 依空間使用需求使用光線

就軟裝色調而言,選擇以人照光源的燈飾來做搭配,藉此形塑不同空間氛圍。當以明亮
白光做照明時,可以提供更飽和色彩的軟件做呈現;若以低色溫的黃光映襯,物件增添
了一份微溫感受,比較溫馨。

如果想大膽嘗試
居家空間色彩變
化，換織品的花
色比漆一面牆來
得不冒險，搭配
花色同樣大膽的
抱枕，讓空間顯
得活潑。
攝影 _ 王正毅

發包
體檢
預算
設計圖
空間配置
建材
收納
隔間
照明
配色
法規
工班
報價單
裝修時程
合約
基礎工程
設備工程
裝飾工程
軟裝選搭
驗收
入住

?? 裝修迷思 Q&A

Q. 就算知道什麼配色間會產生什麼樣的效果，但要怎麼拿捏面積？

A. 室內設計界流傳著一則空間配色的「黃金比例」（6:3:1）。通常牆壁這種背景色會達到六成的用色比重、傢具與傢飾佔據三成，地板等其他區域則佔一成，就能營造出和諧又具層次感的色彩空間。

Q. 如果對色彩的喜好會改變，該怎麼搭配顏色？

A. 不同季節對色彩的需求不同，喜好會改變是正常的，這也是軟裝配件最大的好處，因為壁面顏色已經固定，但可以依循喜好更換窗簾花色、沙發布套和抱枕配色。

📖 裝修名詞小百科

同色搭配法：跳脫單一色彩的單調；同時又由於色彩彼此之間高度的共通及同質性，而產生和諧、秩序與穩定的感受。這可說是最安全、被人接受度最高的配色。若要應用在空間，不妨強化用色比例或拉大色階差異，藉由顏色的主從關係來增加活潑感。

互補搭配法：亮麗、活潑的色彩搭配互補色，又名心理補色。反差最大的兩種色相，會在對比之中突顯彼此的色彩特質，而構成呈現生動鮮明的視覺效果，不過此手法最忌諱 1:1 的用色比例。

🏠 老鳥屋主經驗談 —— 小邱

我家裡的壁面是黑白配色，窗簾也是米白色，但沙發、抱枕、生活小物的用色，倒是因此可以很重，比如大紅色沙發配灰色抱枕，茶几擺放水藍色亮面花瓶，隨著四季變化或心情，我也會不定時更替這些軟件顏色。

工程法規計劃

自己發包找工班最好對室內裝修法規有所了解,最基本的就是要申請室內裝修審查。大門方向要更換,要先確認結構;樓梯變更設計也要重新申請審查、執照;陽台外推也絕對是不合法的,因此在裝修前要先瞭解有哪些法令上的規範,避免誤觸法律。

重點 *Check List !*

☑ **01 認識 & 申請室內裝修許可證**

基於維護居住公共安全,政府規定集合住宅室內裝修必須申請許可證才可施工,完工後也比必須經過勘驗合格。如果你的房子正好位在六樓以上的建築物,或是想多隔間、增設廚房或衛浴,就有申請的必要。　　　→詳見 P122

☑ **02 室內法規篇**

進行隔間變更時,必須審視整體結構安全性,特別是在分戶牆有更動時,可能造成結構安全的疑慮,除須請專業技師檢證外,還必須要取得該大樓之區分所有權人之同意,才能避免衍生法規問題及日後相處糾紛。　　　→詳見 P125

☑ **03 戶外法規篇**

雖然過去曾有判例判決分管契約有效,但並不代表屋主可將原有的頂加重新裝修。另外,在頂樓住戶雖然擁有屋頂平台管理使用權,不過這不包含頂樓加蓋,所以其他住戶有權訴請拆除。　　　→詳見 P127

職人應援團

職人一　今硯室內裝修設計工程有限公司　張主任

透天別墅自設夾層需檢討容積率

自有透天別墅在增設夾層設計之前，必須請專業人員檢討建物的容積率是否足夠。若自有住宅的容積率足夠，建築條件也符合法規，那麼務必委請建築師或是結構技師計算荷重是否符合安全標準，方可進行施工。

室內裝修涉及許多法規限定，一個不小心很容易出錯，特別是自己發包找工班最好對法規有所了解。
圖片提供 _ 今硯室內裝修設計公司

認識 & 申請室內裝修許可證

照著做一定會

O1 「集合住宅」才有必要申請

也就是建築物內有三戶以上，符合下列兩項分類，就必須申請室內裝修許可證：

a. 六層樓以上（含六層）的集合住宅。

b. 五層樓以下的集合住宅（例如無電梯老公寓），依法只有兩個情況下需要申請：

i. 增設廁所或衛浴。

ii. 增設 2 間以上之居室造成分間牆之變更。

動工前要確認自己是否需要申請審查許可。
攝影 _Yvonne

O2 需要申請的工程項目

a. 天花板

b. 拆牆或新立牆面，變動隔間牆。

c. 牆面裝修，包括廚房衛浴換磁磚、主牆面貼飾板等等

d. 高度超過地板 1.2 公尺以上作為隔間用的屏風或固定式櫥櫃

變動地板結構需要申請變更使用執照，已經超出室內裝修審查的範圍

大門更動需先確定結構沒有問題，並取得同層住戶的同意。
攝影 _Yvonne

O3 不需申請的工程項目

法規沒有特別規定的其實都不需要，例如油漆或壁紙、木地板、貼地磚，1.2 公尺以下或不作為隔間的櫃子，至於作為活動隔間的拉門，因為不是固定式的隔間結構，不影響防火逃生路線，也不需申請。

O4 要找誰申請

依法必須向地方主管機關提出申請，通常是各地建管或工程管理單位。台北市和新北市為了便民，還有流程較為簡化的簡易申報項目，但屋主仍都必須透過內政部認可之室內裝修（設計）業或開業建築師辦理。

O5 申請費用

委託建築師或設計公司辦理，目前費用沒有一定的標準，會看要承辦哪些項目。一般住宅裝修，坪數不是特別大，案件內容也不太複雜（沒有牽涉變更使用執照），辦到好大概 NT.4 ～ 6 萬元，簡易申請可能不到 NT.3 萬元，實際上送件審查時間只有數天。

O6 申請流程（以台北市為例）

Point 兩段式：

委託專業人員設計 → 向審查機構（建築師公會）申請室內裝修審核 → 「施工許可證」經審查合格後核發後准予施工 → 限期六個月內施工完竣如逾期得展延一次 → 文件向審查機構申請竣工查驗工程完竣並取得消防局核可 → 核發「室內裝修合格證明」查驗合格後轉都市發展局

Point 簡易式：

委託專業人員設計 → 向審查機構（建築師公會）申請室內裝修審核 → 「施工許可證」合格後逕由經審查機構核發後准予施工 → 限期六個月內施工完竣如逾期得展延一次 → 向審查機構申請竣工查驗工程完竣後 → 核發「室內裝修合格證明」查驗合格後轉都市發展局

?? 裝修迷思 Q&A

Q. 不申請會有相關罰則嗎，還是其實不需要太在意？

A. 會有相關罰則，特別在雙北都會區，居民法治意識較強，檢舉情況也較多。經查證屬實，按建築法第 95 條之 1 規定處建築物所有權人、使用人或室內裝修從業者 NT.6 萬元以上 30 萬元以下罰鍰，並限期改善或補辦，逾期仍未改善或補辦者得連續處罰；必要時會強制拆除其室內裝修違規部分。也就是被檢舉時會給一段時間補辦，未補辦才會開罰。要注意雖然有些主管機關政策性優先裁罰室內裝修業者，但最後都是要業主繳罰款，最好不要心存僥倖。

Q. 自己發包的情況該怎麼申請？

A. 如果一開始就找合格登記的室內裝修業施工廠商，其實都有認識合作繪圖、送件的設計公司或建築師；單一工班較多是透過合作的有牌廠商借牌符合施工資格，如果工班無法轉介具有申請經驗和資格的公司，最好請建築師公會推薦建築師代辦。

📖 裝修名詞小百科

兩段式申請：標準的室內裝修許可申請包含兩部分，首先委託室內裝修業或開業建築師「設計」，並向市政府工務局或審查機構申請審核圖說，審核合格並領到政府核發之許可文件後，始得施工。再來施工必須委由合法室內裝修業或營造業承作，完工後向原申請審查機關或機構申請竣工查驗合格後，向政府申請「室內裝修合格證明」才算完成。

簡易申請：除了一般程序，居家裝修樓高 10 樓以下、面積 300 平方米（約 90 坪）以下或 11 樓以上面積 100 平方米（約 30 坪）以下，沒有動到火消防區劃者，可以採用簡易申報，只要找具審查資格的單位（如建築師）圖審簽證，即可施工，完工後繪製竣工圖，再送建管單位查驗領取室內裝修合格證明。

圖片提供__朵卡空間設計

👤 老鳥屋主經驗談 ── Ted

我家自己找工班進來裝修，被鄰居檢舉之後才急忙到處去問如何辦理。工班說可以找人借牌辦，但是我們覺得不太保險，最後由建築師公會推薦的建築師幫我們辦理簡易申請。台北的社區大樓特別難預料會碰倒什麼鄰居，自己發包小心為上。

室內法規篇

照著做一定會

O1 二戶打通

Point ▷ 分戶牆變更需要區分所有權人同意

更動分戶牆時，必須要取得該大樓之區分所有權人之同意，且戶數變更後每 1 戶都應設有獨立出口，在申請裝修許可前，與鄰居溝通也很重要。

Point ▷ 分動隔間牆必須注意防火區劃

防火區劃是建築技術規則裡規定建築物用防火牆、防火門窗等構造物所劃分的防火區塊，變動分戶牆的程度如果牽涉防火區劃或公共部分之使用範圍，都必須辦理變更使用；牆面為結構牆者，最好經過結構技師檢查，並且一定要建築師簽證。

O2 夾層

Point ▷ 打造夾層屬二次施工均屬違法行為

不管挑高空間有多少，只要最初申請建造執照時不是合法夾層，在屋內作夾層就屬於增加樓地板面積。若想知道建築物夾層是否合法，可要求建商出示建造執照，再依執照號碼向當地主管建築機關查詢即可。

想要新增樓梯夾層，一定得檢視是否符合建築執照和使用執照內容，是否可辦理變更。
圖片提供_今硯室內裝修設計公司

Point ▷ 從面積設定來區隔夾層與樓中樓

若建築物在最初建造時，就已經包含了「夾層」 結構體，也已經取得使用執照，就是合法的「樓中樓」；反之，就是非法的「夾層屋」。只需要請領該建築物的「使用執照原核准圖」來比對樓板範圍就一目了然。

Point ▷ 買到違章建築會面臨即報即拆狀況

如果是在民國 83 年底之前就購買的，可拍照後跟主管機關報備，但如果是民國 84 年初以後蓋好的大樓，可能會面臨被認定為違章建築的狀況，因此如果你屆時申請室內裝修審查許可時，可能會因為圖面設計不合格而被認定為違法，會面臨即報即拆的情況。

Point ▷ 找合法廠商施工才有保障

分辨合法廠商，可以看他們所掛的招牌，坊間常看到室內「裝潢」公司，大多不是合法登記為室內裝修業的廠商，而掛室內「裝修」才是合法的業者，或是直接尋找室內裝修同業公會會員，辦理許可申請較無問題。

O3 新增樓梯

Point ── 樓層打通配置樓梯要變更使用執照

若挖空或是施工時之變動面積大於一半，必須另外申請修建執照。另外，兩樓打通也涉及戶數變更，因此也別忘記要申請變更戶數，並要請專業人員如建築師、結構技師簽證，進行結構安全鑑定的工作。

Point ── 自有樓梯也要申請變更使用執照

若住家屬於透天別墅或樓中樓，不論要變更樓 梯位置或新增電梯，皆需申請變更使用執照。另外，樓中樓只要沒有增加面積之行為，那麼進行樓梯的變更也就不會有問題。

Point ── 樓梯改方向確認無損害主要結構

樓梯變更造型或僅是轉向，並非位移，只要確認不損害主要結構，申請簡易室內裝修審查許可就可施工，可免辦理變更使用執照。

梯間樑下的空間規劃，不一定要是密閉式櫃體，運用層架設計，又能變身成書本蒐藏品或酒的展示櫃。
圖片提供 _ 蟲點子創意設計

?? 裝修迷思 Q&A

Q. 室內裝修是私人行為不需經過其他住戶同意？

A. 隔間變更必須審視整體結構安全性，特別是在分戶牆有更動時，可能有結構安全的疑慮，除了請專業技師檢證外，還要取得該大樓之區分所有權人之同意。

Q. 建商說挑高的部份能自行搭建夾層，但又有人說這是違法的，到底哪種說法可信？

A. 只要最初申請建造執照時沒有將夾層納入申請範圍，任何二次施工均屬違法行為。

📖 裝修名詞小百科

二次施工：是指取得使用執照後，在私自增建，或將部分面積修改用途，因這些行為都會影響 房屋結構安全，影響建物抗震能力。若增建違 反建管法令，仍須強制拆除。

承重牆：承受本身重量及本身所受地震、風力外並承載及傳導其他外壓力及載重之牆壁。

👤 老鳥屋主經驗談 ── Iris

買了合法的樓中樓大廈，想趁著客變期間把夾層邊界造型從直線改為曲線，後來才知夾層對挑空部份的位置、面積均有規定，得就變更造型後的地板面積作檢討才可變更。

戶外法規篇

發包
體檢
預算
設計圖
空間配置
建材
收納
隔間
照明
配色
法規
工班
報價單
裝修時程
合約
基礎工程
設備工程
裝飾工程
軟裝搭選
驗收
入住

🖐 照著做一定會

O1 陽台外推

Point ▬ 陽台外推行為絕不合法

不論是舊屋已外推或是新屋外推均屬違法。買到已有陽台外推的房子，若過去沒有被查報的紀錄，可在申請室內裝修時附上照片以及平面圖，證明並非自行外推可列為緩拆。如果曾被查報，那麼已屬違建，最好能恢復原狀。

Point ▬ 室內裝修不可影響消防安全

屋況現狀已為陽台外推時，在裝修時務必注意不可影響消防及逃生路徑的安全；一來是因為既有違建有違法情事，在室內裝修審查許可申請不會過；二來是陽台被設定為逃生空間，除要維持路徑暢通外，也不可將設備或設施，擺置於陽台上，影響逃生安全。

Point ▬ 新建物的陽台不可加裝鐵窗

台北市、新北市民國 95 年以後新落成的建築物，一律不可裝設鐵窗、鐵捲門、落地門窗，此外依公寓大廈管理條例管委會對於公寓大樓的外牆有限制權利，若要在窗戶外加設鐵窗，要由住戶大會通過方可進行施工，並且不影響外觀為前提。

Point ▬ 確認陽台規格是否合法

民國 95 年以前落成的建築物，只要是完整保留陽台空間，沒有將牆面作更動，又符合50 公分深以內的規格，原則上安裝防盜窗是不會有問題的。

鐵窗和陽台外推是台灣市區常見的風景，事實上合法的並不多，有妨害消防案權之虞，外觀看起來也不美觀。圖片提供＿今硯室內裝修設計公司

O2 頂樓加蓋

Point ▸ 頂樓新的不能蓋，舊的不重建

頂樓加蓋屬於違章建築，以結構來說造成建築頭重腳輕，也相當危險。法令規定民國84年1月1日以後的新違建全都查報拆除，而民國83年12月31日以前的既存違建原則上僅須拍照列管。

Point ▸ 頂樓修繕行為必須有專業檢定

頂樓加若因老舊或有破損需要修繕，且範圍小於二分之一的結構，可就材料上進行更換，而不可有結構上的重建行為，或者進行任何改建。修繕行為必須請結構技師進行鑑定，且必須有建築物結構安全簽證以及既有違建證明才可進行修繕工程。

Point ▸ 頂樓加蓋不屬於私人所有

按照公寓大廈管理條例，屋頂平台是屬於公有空間，不可佔為私有，若想增加頂樓利用率，除了預留的避難面積不得小於建築面積之二分之一外，在該面積範圍內亦不得建造其他設施 (如鴿舍)，也要獲得鄰居 (區分所有權人) 開會決議同意之後，才可以使用。

O3 雨遮

Point ▸ 加蓋斜屋頂屋脊以 210 公分為上限

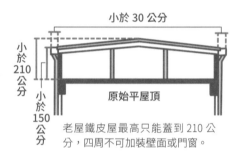

有些大樓會在頂樓加蓋鐵皮屋頂以防漏水，屋頂的加蓋在台北市有規定合法的斜屋頂屋脊210 公分高為上限，內部女兒牆則為 120 公分為限，同時也必須保留一定面積的平台以作為逃生之用。

老屋鐵皮屋最高只能蓋到 210 公分，四周不可加裝壁面或門窗。

Point ▸ 搭建花架要依照法定規格

若要在頂樓作庭園，首先是要樓下的住戶簽署同意書，再來是結構只能以竹、木或輕鋼架搭建沒有壁體，且頂蓋透空率在三分之二以上的花架，面積在 30 平方公尺。另外，高度不得超過 2 公尺，否則會被視為違建。

Point ▸ 修建露台不可納為私用

所謂的露台是指正上方無任何頂遮蓋物之平台。當露台只可由你家進出，雖然權狀不是你的，但是屬於約定專有的區域，因此你可擁有使用權。按照法規此處只能有臨時性的花架，若打算在露台設置鋁門窗增加室內面積屬違法行為，如被檢舉可即報即拆。

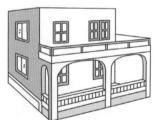

露台為約定專有區域，不可私自加裝鐵窗，增為室內面積。

Point ▸ 雨遮大小有規定，不可誤觸法規

如果想在窗戶上加蓋雨遮，依照法律規定，最多伸出去可達 60 公分，但如果窗戶的位置面向防火巷，則只能有 50 公分。另因為雨遮影響建物外觀，也是需要經過住戶大會同意才可裝設。

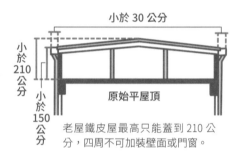內文圖標示：小於 30 公分／小於 210 公分／小於 150 公分／原始平屋頂

?? 裝修迷思 Q&A

Q. 大廈與其他建物緊鄰，住戶全都同意加裝欄杆來維護大樓的安全。

A. 雖然此舉是為了全體住戶的安全，也已經取得共識，但遺憾的是，在屋頂的既有欄杆或是牆上增加高度是不能的，主管單位可即報即拆，所以建議在屋頂平台上勿裝設欄杆。

Q.30 年老公寓想將舊有的鐵窗改密閉的八角窗防止雨水侵蝕，應該沒問題吧？

A. 裝設密閉的八角窗、氣密窗都屬於外推行為，裝設的位置又位於陽台，會被視為增加樓地板面積的行為而被取締，面臨即報即拆的狀況。另外如果你住的是公寓大樓，還要向管委會確認是否有規約，以避免受罰。

裝修名詞小百科

分管契約：共有物之管理，依《民法820 條》，原則上由共有人共同管理，但共有人另訂有契 約，則依契約。分管契約為共有人約定各自分別就共有物之「特定」部分為使用、收益者，稱為「分管契約」。

法定空地：為了管制土地使用強度與密度，除了實施容積管制外，法律並規定基地面積與建築面積的比率關係，以維持基地內一定比率的空地面積，稱為建蔽率管制；所以基地面積扣除實際可供建築面積後的空地面積，就稱為法定空地。

老鳥屋主經驗談 —— Alex

本來不想在鐵窗上預留開口給小偷可趁之機，但考量到逃生安全，法規仍規定須留有一定大小的開口，所以裝設鐵窗時記得留下約 70cm X 120cm 的開口，以符合法令規定。

發包 體檢
預算
設計圖
配置 空間
建材
收納
隔間
照明
配色
法規
工班
報價單
時程 裝修
合約
工程 基礎
工程 設備
工程 裝飾
選搭 軟裝
驗收
入住

尋找工班計劃

與工班打交道，是大部分自己發包的屋主覺得最不知所措的部分。從尋找可靠的工班開始，到如何與師傅們溝通、掌握工程進度與接工情況，其實都讓作為外行人的發包新手嚇得退避三舍，其實只要掌握一些重點，願意多聽多看多學習，自己來也不是不可以。

重點 Check List !

☑ **O1 裝潢發包種類**

不找設計師，自己發包可以有的選擇比你知道多，光是統包，就有單一工班作為工頭的統包，和專業統包，或是室內裝修工程公司，當然也可以自己找個別工班，自己控制工程進度。 →詳見 P132

☑ **O2 發包注意項目須知**

自己監工發包最好要清楚每個工種的衛接，像是拆除後，鋁窗、水電及空調進場，接下來泥作進場、之後是木工、油漆等，在對的時間做對的工程，就可以掌握預算及時間不浪費；除了對流程十分清楚外，同時建議所有的圖面說明也要標示清楚，包括平面圖、立面圖及施工剖面圖等等，另外用什麼材料及尺寸也要註明，才能避免施工時的紛爭。 →詳見 P134

☑ **O3 判斷工班專業度的重點提醒**

來現場估價的通常都是工班老闆本人，專業度理應最高，事先做功課且估價時再直接詢問親友經驗或關鍵工法問題。另外如果有鄰近實體店面的工班好處是較不用擔心半途落跑，也可透過門面、展示案例來判斷施工的功力。 →詳見 P138

職人應援團

職人一　今硯室內裝修設計工程有限公司　張主任

合理的價格品質才不會打折

統包承接工程,以北部的價格來說,報價中約有六成五是給予各工班師傅的工資,而統包合理利潤約為兩成,要給人家賺錢,若報價低別人一截就要擔心是否從材料或服務刪減。

空間可以靈活看待,從色彩、建材、傢具、格局配置都是風格的一環,也是在思考發包時能一併注意到的細節。　　圖片提供__今硯室內裝修設計公司

裝潢發包種類

照著做一定會

01 傳統統包特定工班做工頭

過去傳統裝潢工程，時常都是由一項工程的工班老闆找其他熟識的工班一起承攬，通常都是工程費用佔最大比例的木工師傅作為工頭統籌的窗口，做為與屋主連繫和溝通的工作，以及收款去支付下游的費用等，工頭會從整體費用抽成。

02 專業統包組織力強

現在越來越多的專業統包，許多甚至成立工程公司，與過去某工程師傅充當聯絡和收錢的工頭不同，必須了解各項工程的關鍵工法技術，並對能精準掌握時程以及個工種間的協調，並供專業的監工以及售後服務，適合規模較大或較為複雜的案件。

自己發包監工，建議其發包工程別太過複雜。

03 個別工班發小包

想自己發小包，屋主得有相當的裝修工程概念知識，以及掌握時程的統籌能力，如果局部裝修只需少數幾項工種（如小型的衛浴、廚房改建），或是工種間接工不複雜，那自己個別發包找有口碑的師傅，會是相對省錢的方式。

04 居家賣場、連鎖店的裝修諮詢

IKEA、系統傢具商或是特力屋之類的廠商常有提供免費諮詢，以及局部修繕或全室裝修服務，事實上這些店家也是作為統包，委由外面的工程工班或廠商施工。不見得較貴，且透過品牌店家付款，有時能有信用卡分期等優惠，但一定要確定施工維護以及保固的責任歸屬。

?? 裝修迷思 Q&A

Q. 只是要裝修一兩個房間，但又要裝冷氣牽電線，說單純也沒很單純，該找誰好？

A. 又要冷氣又要油漆，甚至還有改電源位置，裝設木地板等，雖然規模小但是有些複雜的案件，幾乎沒有設計師或統包會接，也不划算，最好的方式就是自己發小包。由最複雜的水電冷氣開始，有不少同時有水電及冷氣牌照的師傅，可能也能請他們修補小部分打鑿後泥作，並且介紹油漆等其他工班，找連鎖居家修繕廠商也是選擇。

Q. 如果找工班是否還要再另外付工頭監工費用呢？

A. 不用。監工費多發生在與設計師合作，如果是自行找工班監工費用都已包含在報價裡了，不用再另外付給工頭監工費，雖不用付監工費，但還是建議在裝修期間多去探班，慰勞辛苦。

📖 裝修名詞小百科

工班聯絡網：監工與工班為縱、工班與工班之間為橫，具備暢通的連絡方式，成為一個交流良好的交流網路。

預售屋：無須準備大筆的簽約金與頭期款，可依照自己喜好調整格局、裝潢。但看不到實際房屋風險較高，並需等待完工方可入住。

工程包-發大包：住宅案例中，將所有工程交由同一個工程公司進行，由工程公司負責工程管理，以及工種的施作，費用就包含材料費和施作費。

工程包-發小包：如小型的衛浴、廚房改建等局部裝修，工程上的接工較不複雜。

😊 老鳥屋主經驗談 ── 阿官

我在發包的時候，發現有些建材的施工，必須經驗老到的師傅才能完成，選擇連工帶料的計費會比較保險；另外如果只是想增加收納機能，可找系統傢具商或工班來處理。

PART 2

發包注意項目需知

照著做一定會

01 要有事必躬親的覺悟

就算是找統包,也不是把東西丟給統包主任就沒事了,在沒有設計師的情況下,就必須分析自己的需求,規劃成工班能理解並且實現的樣貌,更不用講要自己控制工期以及監工等,要有必須不停學習和處理不熟悉狀況的心理準備。

02 盡量不做固定裝飾

複雜精細的固定裝飾意味著工程將會變得複雜、難以控制。例如泥作的文化石牆、木工假壁爐的電視牆,若是用簡單掛畫、現成傢具代替會較省事,否則在沒有精確設計圖的狀況下,只能依賴師傅,想得到理想中的裝飾效果實在太靠運氣了。

床頭利用掛畫營造焦點,搭配左右各一閱讀燈增加功能。
攝影 _ 沈仲達

03 工班訂金不要給太多

不要給「超過工程款四分之一」的訂金。最好將大部分款項在驗收後付,這也表示工程期間,工班會因為「你欠他們錢」而繃緊神經,希望盡早做完、趕快驗收拿到錢,而且也不會發生工班拿了大筆訂金而不見人影的情況。

O4 簡單局部可自己監工

台灣很少有非屬統包公司的專業監工，局部或小規模工程自己監工還在大部分屋主的能力範圍內，工程規模較大或較複雜，還是考慮給請監工或給統包承接。

O5 接工工班在施工前當面協調

如果工班們彼此就是熟識的長期合作夥伴，例如水電、冷氣與泥作時常如此，可以請他們跟你說明清楚作法，若不是熟識的工班，最好在估價時就約同時間到場，現場協調，或起碼在接工日前確認雙方或三方有確認清楚，避免問題，如果是自己監工，最好親自聯絡確認。

O6 連工帶料省時省事

工班有兩種計費方式，「連工帶料」是最常見到的發包模式，優點是工程繁瑣、材料眾多，如果不是很熟悉，常會搞得焦頭爛額；若能找到可靠的工班，請他們註明材料數量等細節，就可省去很多瑣碎的事，兼顧品質，對於沒有太多時間比較建材價格的人來說是一大利多。

O7 工、料分開較省錢

直接找單一工班就是為了省錢，而包工不帶料最節省預算，記得貨比三家不吃虧，及以「天」計資的包工方式將可以幫你省下低於別人三成的裝潢費用。工、料分開的方式，是由屋主自己去找建材，然後請工人施工，建材的費用可實報實銷，工人的費用就以一天工資多少錢來計算。

O8 一定要打破砂鍋問到底

身為非專業的外行人，提問是很合理的。所有的工法都有可偷工減料的方法，但仍然還是有跡可循。例如廁所牆壁貼磁磚，拆除只將壁面磁磚剔除，而不是拆除至紅磚表面，雖然看似省了拆除與打底的費用，但反而讓空間感覺變小，加上不打底、磁磚也無法鋪平，所以看到跟書上不一樣的步驟，繼得提出疑問再繼續。

O9 詳細紀錄方便逐步驗收

其實工班會出現的問題，是在於最初洽談時，一般都不會訂定契約，尤其是局部工程。因此往往在驗收時，出現不符合預期的問題。不妨從一開始就用心紀錄工班所承諾的預期工程內容，施工過程時再依工程進度逐步驗收，以確保工程品質能達到所期望的結果。

10 工期表掌握進度

一般工期要以工作天計算，會根據詳細施工程序，製作工期表計算施工日期。好的統包及監工都要有製作並管控工期表的能力，自己發包也可以自己做來用，對於追蹤進度、接工時間掌握非常有幫助。

工程進度預定表

工程單號：181110507　　工程名稱：　　　　工程地點：　　　　工程師：　　　　客戶簽名：

*若業主未能依約完成自行發包工程應辦事項或業主追加施作項目或工程中不可明見等之事由致工程變更，今硯得依其實際狀況展延工期。

開工前應辦事項：□管委會裝修申請 □鋁鐵工程 □冷氣空調 □保全工程 □瓦斯工程 □視聽工程 □廚具工程 □_____ 工程等由業主自行發包之工程需於開工前完成使用形式、顏色、安裝位置及施作廠商之確認。

（工程項目甘特圖，月份 5 月至 7 月，日期 5 至 11）

- 業主確認：開工 空調,水電,保護,拆除,泥作 ／ 磁磚選樣 ／ 木作
- 現場圖說：水電,空調,泥作,拆除 水電,泥作 ／ 圖 木作
- 保護工程：梯間及電梯及室內地坪保護水平線放樣
- 拆除工程：磚牆拆除,磁磚剔除見底,牆面打毛,天花板拆除,鋁窗拆除,垃圾清運等 ／ 鋁窗拆除 ／ 午
- 水電工程：勘查．臨時水電 ／ 放樣,開關箱更新,冷熱水配管,管路配置,插座,電視線,新增電源插座迴路,燈具配線等
- 衛浴設備：續
- 空調工程：勘查 ／ 空調管線配置
- 泥作工程：砌磚牆 ／ 水泥粉光,浴室陽台防水,貼磚,鋁窗填縫,假
- 鋼鋁工程：鋁窗勘查丈量 ／ 鋁窗安裝 ／ 廚房門北二高勘查,丈量
- 木作工程：矽酸鈣隔間牆,矽酸鈣隔間牆,局部天花板平釘,木作門斗,挖燈孔等
- 消毒工程：
- 廚具工程：
- 系統工程：
- 漆作工程：抓AB膠,補土

工程進度預定表

工程單號：181110507　　工程名稱：　　　　工程地點：　　　　工程師：　　　　客戶簽名：

*若業主未能依約完成自行發包工程應辦事項或業主追加施作項目或工程中不可明見等之事由致工程變更，今硯得依其實際狀況展延工期。

開工前應辦事項：□管委會裝修申請 □鋁鐵工程 □冷氣空調 □保全工程 □瓦斯工程 □視聽工程 □廚具工程 □_____ 工程等由業主自行發包之工程需於開工前完成使用形式、顏色、安裝位置及施作廠商之確認。

（工程項目甘特圖，月份 7 月至 9 月，日期 12 至 17）

- 業主確認：漆作,系統,玻璃
- 現場圖說：漆作系統,玻璃,窗簾
- 保護工程：保護拆除
- 拆除工程：
- 水電工程：水電收尾面板燈具安裝
- 衛浴設備：
- 空調工程：室外機及室外機安裝試機
- 泥作工程：
- 鋼鋁工程：施作安裝
- 木作工程：矽酸鈣隔間牆,局部天花板平釘,木作門斗,挖燈孔等 ／ 木工收尾門片調整
- 消毒工程：
- 廚具工程：勘查,丈量 ／ 施作安裝
- 系統工程：勘查,丈量 ／ 施作安裝
- 漆作工程：天花板牆面刷漆,門斗噴漆,陽台平頂壓克力漆等
- 玻璃工程：勘查,丈量 ／ 玻璃安裝
- 燈具工程：
- 地板工程：勘查,丈量 ／ 施作安裝
- 清潔工程：初清 ／ 清潔
- 窗簾工程：勘查,丈量 ／ 施作安裝
- 工作天數：46 47　48 49 50 51 52　53 54 55 56 57　58 59 60 61 62　63 64 65 66 67
- 完工驗收：驗收

?? 裝修迷思 Q&A

Q. 好擔心自己能不能做好監工的工作，要交給別人又不放心？

A. 專業的監工人員經驗值通常比一般屋主高上許多，所以在面對瑣碎的工班連繫和銜接，以及突發狀況的處理上，如果擔心會耗費超乎預期的精力和時間，可以請監工串聯工班、但是不碰錢，發包與金流經過屋主；工程串接、驗收等，請監工負責。

Q. 請監工不便宜，自己又沒時間到現場，還有什麼方法可以監控施工狀況？

A. 監工也不是整天一直都在案場，就算只有下班和週末時間，不是複雜如水電、冷氣等工種，而是像油漆、地板等一目瞭然的，某個程度上還是可以自己監工，只要下班後跑到現場檢視結果就可以了。

裝修名詞小百科

工班聯絡網：監工與工班為縱、工班與工班之間為橫，具備暢通的連絡方式，成為一個交流良好的交流網路。

接工：指的是不同工程相疊交接的地方。以最多接工狀況的冷氣為例，排水管、電源線由水電工班牽設，冷氣才進來牽線、裝機，裝機前後可能還有木工得根據預定的管線和機器位置，包線、開洞等，全都必須協調好，冷氣才能裝在正確的位置。

老鳥屋主經驗談 —— Ellen

有些室內設計師有諮詢的服務，不出圖但是給專業意見，比設計費便宜許多，有些設計師也願意介紹工班甚至監工，或請工班介紹工班，但自己接洽發包，就可以省下不少費用。

判斷工班專業度的重點提醒

照著做一定會！

O1 親友介紹可溝通最重要

無論是自己的親朋好友，或是受介紹推薦來的工班，在一開始要確認雙方能夠溝通，對方也能了解自己想法並配合工程內容。最好能親眼看到一年以上的實例，再決定是否要正式合作。千萬不要以為會比較便宜、或不好意思堅持己見，不然吃虧的一定是自己。

O2 由工班找工班

如果有確定或信任的工班，可以請其介紹習慣合作的其他工班，例如由水電介紹泥作和冷氣工班。因為工班間本來就是合作夥伴，若已經具備一定的默契，在工程需要密切銜接的部分可以省去許多屋主聯絡和協調的心力。

O3 鄰近的實體店面

有鄰近實體店面的工班好處是較不用擔心半途落跑，也可透過門面、展示案例來判斷其功力，也好在鄰里打聽口碑，日後也容易維修保養。另一個考量，則是師傅每天的交通、施工時間總合起來就要給一天工錢，若能減短來回距離，無形中加快工程進度降低預算。

O4 具備合法專業人員證照和營業登記

工班良莠不齊，檢查是否為合法廠家就多一層保障；例如水電要有甲種或乙種水電匠執照，另有室內配電技術士執照、配電線路裝修技術士，其他工種也有相關技術士證照，或是承攬廠商需有合法營業登記。

O5 場勘估價時的態度

通常來現場估價的都是工班老闆本人，專業度理應最高，可以事先做功課，估價時再直接詢問一些親友經驗或關鍵工法問題。專業師傅會帶齊工具仔細丈量，並且願意和你討論需求，回答你的問題，雖然每個人的感覺各異，但還是有一些參考價值。

06 檢驗統包專業度

項目	該怎麼問統包商呢？	統包商應該這樣答！	示意圖
1	如何配置全室燈具及插座迴路？	1. 確認放樣尺寸位置，全室燈具及插座用電分配量。 2. 高耗電設備需拉出獨立迴路。 3. 接近水源迴路如浴室、陽台等需配置漏電斷路器。	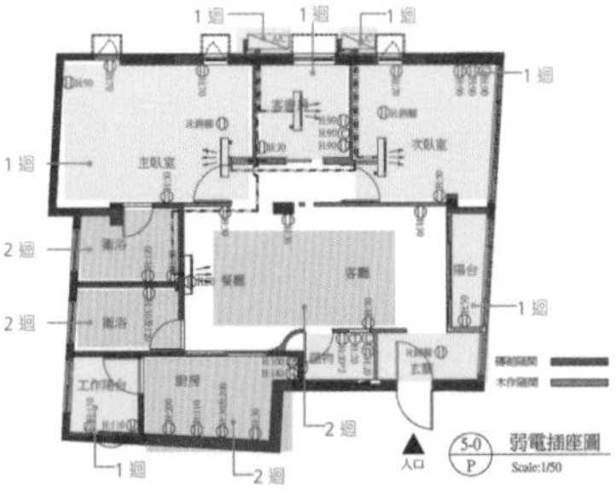 
2	衛浴粗胚打底有那些注意事項？	1. 粗胚打底要以落水頭為最低點，近門處建議拉高或做平台擋水。 2. 地面整平後要以水平尺確認洩水坡度，是否四面八方皆向落水頭方向。	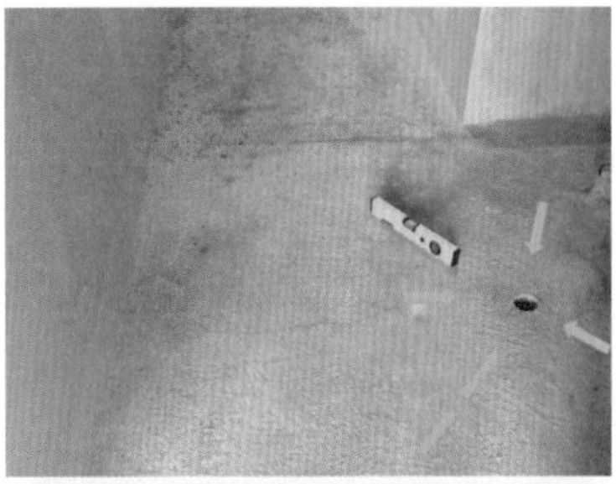 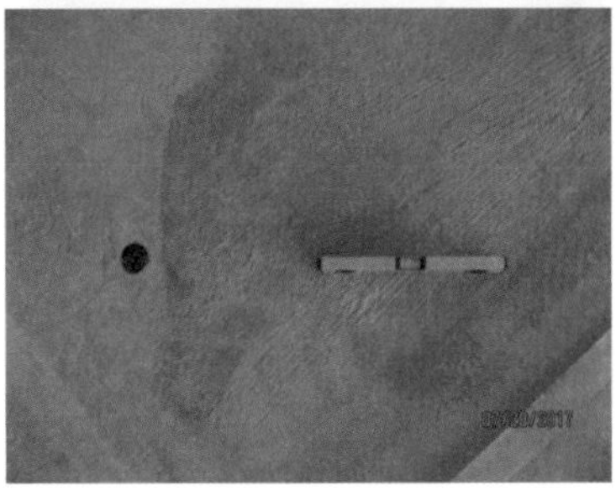

圖片提供＿今硯室內裝修設計公司

發包
體檢

預算

設計圖

空間配置

建材

收納

隔間

照明

配色

法規

工班

報價單

裝修時程

合約

基礎工程

設備工程

裝飾工程

軟裝選搭

驗收

入住

〈 1 3 9 〉

| 3 | 如何確保補批土平整度？ | 工作燈由側面打光照射，檢查牆面是否仍有凹陷或波浪狀的光影則需要再次批土並打磨。 | |
| 4 | 嵌燈位置如何處理，吊燈吊扇位置如何補強？ | 嵌燈位置確定，並確定不會破壞主骨架。吊燈吊扇位置以夾板或木心板補強，周圍加吊筋增強承重。 | |

07 進一步找統包商的注意事項

項目	內容
1	設置沉澱箱與洗滌水槽、清潔劑與馬桶刷。
2	拆除平面圖確實放樣，標示拆除位置及徹底溝通。
3	確認放樣尺寸位置，全室燈具及插座用電分配量。
4	泥作粗胚打底後要以水平尺確認洩水坡度。
5	配置冷房效果 室外機要注意空間大小及冷房位置。
6	選擇燈具特別需要注意開孔大小、重量、尺寸。

?? 裝修迷思 Q&A

Q. 實在看不出來工班的好壞，難道只好看運氣隨便選一個？

A. 在決定工班之前，不妨透過親友介紹有口碑的工班，真的沒有，就拜訪住家附近有店面與合格執照的專業人員；從交談、到實體工作案例，並觀察其工作習慣，了解是否符合自己的工班條件。

Q. 監工期間，對於師傅施工的方式與細節，一定要一絲不苟地糾正與扣款，才能保障自身權益？

A. 施工過程中的失誤難免，如果判斷為立即修正即可的問題，其實及時重作就好，工期漫漫、以和為貴。平時再略施小惠、送飲料咖啡，只要事先在重點工程嚴格要求，相信師傅都會盡力完成工作。如此一來也不用擔心工班懷恨、暗中做手腳，徒增困擾。

裝修名詞小百科

企口設計： 地板的板與板間，以凹凸的結合方式，具有防塵功能。

離口： 外 45 度或內 45 度，板與板之間沒有密合的情形。

老鳥屋主經驗談 —— Cindy

預售屋團購購買預售屋時建商通常會有合作工班，具備一定的施工水準，我們和其他購屋者一起用團購方式和工班談合作，在人工和一些建材上其實就有談到折扣，也不怕工班跑掉找不到人。

了解行情價計畫

選擇自己發包的屋主，不外乎就是想省錢，比價是絕不能輕忽的工作。裝潢工程項目繁多，牽涉各個不同工種，工程及材料的計價方式各異，更不用說還有些約定成俗的習慣，甚至還會因為區域不同有落差，讓人望而生畏。雖然如此，這些也不是什麼艱深的密碼，沒經驗的外行人只要做好功課，就不會隨便被唬弄了。

重點 *Check List !*

☑ *O1* 省時有效率的比價方式與通則

選擇自己發包裝潢的人多半預算是不足的，最怕被當肥羊。由於裝潢費用的計算牽涉到工資、建材、設備等等，施作方式及空間環境都會影響著報價，如何透過比價找到適合自己的工班又不用擔心被坑，5 種不失敗比價原則提供裝潢新手精準掌握裝潢費用。　　→詳見 P144

☑ *O2* 搞懂報價單，聰明省一筆

確定裝潢內容後，會針對每一項工程細目，詳細列出並標明金額，接下來最重要一件事就是要看懂工程報價單 (也就是所謂的估價單)，了解業內複雜的計價單位，避開陷阱。　　→詳見 P146

☑ *O3* 工程費用推估與基本行情價

各項工種工程費用北部地區平均行情表，可根據表格內容推估可能的工程費用，實際費用仍會受到材料價格變動以及工資不同而浮動。　　→詳見 P148

職人應援團

職人一 **今硯室內裝修設計工程有限公司　張主任**

多做功課多看多比 比價別忘區域差異

尋求合理價格唯一方式其實就是多做功課多看，多找一些工班來比價。報價單數量要精準、單位要清楚，建材、材質要寫明，比價除區域差異性外，還要比品質、專業與服務。

規劃理想居家環境，關鍵在於人。重視並整合家中每個成員在現在以及未來數年間的需求與喜好，才能打造大家都滿意的家。　圖片提供 _ 今硯室內裝修設計公司

省時有效率的比價方式與通則

照著做一定會

O1 專書提供精準行情

諮詢裝潢過的親友或是鍵盤訪價外，也有專書可以參考，像是同樣由《漂亮家居》編輯部出版眾多裝修設計及發包的參考書就詳細列出各項工程做出比價整理，有助理解整體工程內容，更準確掌握各項裝潢費用細項。

O2 工、料分開不一定能省

一般裝潢費用大致包含了材料費及施工師傅的工資，價格也會隨著材質的等級及工法而有所不同，每一個工程階段都有各自的計算標準。雖然有時工料分開計價是可省成本，若是無法精準的掌握建材損料的數量，有可能發生過於高估或低估的情形，反而造成費用追加。

Point ▶ 以貼拋光石英磚為例

發包方式	價格帶	優缺比較
連工帶料	約 NT.5000 元／坪	由統包叫料、找工人做，只需面對統包，省去繁瑣的點工點料過程。
工、料分開	約 NT.4500 元／坪	自己買材料、找工人來貼，一坪約可省下 NT.500 元，但繁瑣的點工點料過程，監工的品質就要自己來，付出無形的時間成本，需具備的知識門檻也較高

O3 比價標準要一致

尋找工班的方式很多，透過親友推薦是比較有口碑，所以在進行比價時，可以多搜尋周遭已裝潢過的親友或網友，除了請他們推薦適合工班，同時也可以詢問他們的費用，注意不要只考慮整體價格的高低，工程所在地區，施工品質、建材等級也要列入評估才準確。

O4 多方搜尋有效率比價

裝潢除了工程的發包施作外，建材、設備、家電及傢具的選購比價也很重要，比價要掌握消費情報，在眾多推薦資訊中，迅速一次瀏覽到專門的網站、論壇、社群網路群組，提供你必要的訊息，可以讓你比價更有效率省時又省力，又可能有團購議價的機會。

O5 去頭掐尾比價不吃虧

多找幾家來報價,藉此機會詢問並觀察工班,若在各方條件如施工方法、施作範圍及建材、設備等級都大致相同或類似下,所找的工班報價有不小落差時,建議是拿掉最貴及最便宜的,取中間值是最不怕吃虧,較為安全的選擇。

?? 裝修迷思 Q&A

Q. 從親友和網友手上拿來的報價單,要如何知道是不是能套用在我家?

A. 每家實際施工狀況各有不同,工法和建材當然也會有差異,最好在鄰近區域(工資有差),找坪數、屋況類似,施作內容或是風格與你家較為接近的;有些報價單會列出單位價格,就比較不受數量影響,還是有參考價值。

Q. 現場丈量估價都不用付費?

A. 一般工班若只是丈量用來進行估價,是不需付費。但也有人特別請距離較遙遠,但信任其手藝的工班特地跑一趟,貼人家車馬費的情況。與設計師評估或繪圖後帶走資料需要付費不同,工班估價相對單純。

裝修名詞小百科

角材:為木作工程的基本材料,用作於打底、支撐、塑形等,因此耐用度需高。

伸縮縫:由於材料會因熱漲冷縮而些微變形,因此要在木板與牆面邊緣預留伸縮的空隙,避免建材因為擠壓而造成日久不敷使用的情形。

老鳥屋主經驗談 —— Amy

我覺得網路上看得頭昏眼花,都不如直接找工班來家裏報價清楚,同一間房子比起來最沒有疑慮,還不需要自己想像換算半天,而且看著實際情況直接問師傅也讓人很快就有概念。

搞懂報價單，聰明省一筆

👌 照著做一定會

O1 報價最忌看只看總價

裝潢價格會隨建材、工法不同及施作區域大小而有價差；是否含設備、安裝等費用也會影響裝潢的總價，所以裝潢報價不能只看總價，很多追加的發生都是在於報價不清，在報價時未計入設備及安裝費用，若是沒有看清楚報價，會造成裝潢過程大筆費用的追加。

O2 報價單這樣看

2. 確認公司名稱、地址與聯絡電話：核對是否為一開始所接洽的設計公司名稱。

3. 確認施作範圍：像是拆除要拆到什麼地方、地板要鋪到那裡，施工的範圍也都需要在備註欄寫明，以免日後有糾紛。

4. 確認客戶名稱：以防設計師錯拿報價單。

5. 確認規格：同一項工程使用的產品，規格會影響到價格高低，這是容易被偷減料的部分，一定要仔細清楚。

6. 確認建材等級：備註欄通常會註明建材的尺寸、品牌、系列及顏色，要求設計師註清楚，預防建材被調包，作為日後驗收的依據。不同的建材會產生不同的價格，如果想要降低預算，可以從建材這部分下手。

漂亮家居設計有限公司
台北市民生東路 2 段 141 號 8 樓 TEL：02-2500-7578 FAX：02-2500-1916

客戶名稱：			聯絡電話：			
報價日期：						
項目	工程項目	單位	單價	數量	金額	備註說明
一	拆除工程					
	原磚牆面拆除	坪				保留客廳局部牆面
	衛浴拆除	室				包括天花板拆除＋設備拆除＋壁磚地磚拆除＋門組拆除
二	保護工程	式				地板先鋪塑膠瓦楞紙板＋2mm 夾板
三	水電工程					
1	總開關箱內全換新式	式		1		○○品牌電線／○○品牌無絲熔開關
2	冷熱水管換新式	式		1		
	全式電線更新	式		1		220V ／○○品牌電線／規格
四	泥作工程					
	陽台貼磁磚工程	坪		3		30cmX30cmX4cm ／○○品牌／○○系列／製造產地／顏色
五	木作工程					
	臥房木地板	坪				橡木地板／ 9.1cmX12.5cmX1.5cm ／○○品牌／顏色
六	油漆工程					
	全式壁面上漆	坪				○○牌水泥漆／色號 90RR 50YY 83 ／ 3 道面漆

（1 確認數量：如果有明確數量，像是開關、插座……等，可以對照平面圖的數量，像是開關、插座或者地板，但會多估一些作為備料。）

（磁磚就要確認坪數，可以對照平面圖的數量，像是開關、插座或者地板，但會多估一些作為備料。）

8. 確認單位：裝潢常用的計算單位也必須知道，不同的建材都有各自的計價方式，才不會落入報價單裡的陷阱而渾然不知。

7. 確認執行工法：價格也會從施作工法反映出來，例如上漆批土或者面漆上幾道也都要了解，一般來說新成屋批土至少要 2 次，1 次刷 2 度，面漆 3～4 以上會比較精細。

?? 裝修迷思 Q&A

Q. 報價單確認後，需要再簽合約嗎？

A. 若是統包最好還是請工頭再簽合約，若對方不肯簽或是單一工程發包，報價單可視同為合約，因此施作內容、使用建材品名單價數量等，一定要詳列清楚，為求謹慎再準備一份備忘錄，雙方一定要在上面簽名，若是對方是有成立公司行號，就要求蓋上公司章，方具有法律效力，才能保障雙方權益。

Q. 選擇統包是否要另外付工頭監工費？

A. 過去傳統統包可能不需要，但是現在專業統包或工程公司常會另列監工費；單一工程自行發包，則都不需要再另外支付監工費用。雖不用支付監工費，但為了拉攏工班，建議可施小惠送些禮物，或是在施工期間探班，順便帶飲料、餐點慰勞工頭及工班，這樣不但有利於溝通，若有些小小的額外工程，人家也會願意多做些，千萬不要有付錢就是老大的心態。

裝修名詞小百科

報價單上的數量與單價：報價單上的「單價」，一般有兩種算法，一是單純材料及工資費用（連工帶料），另外一種則是統包或設計師將監工與設計費含在其中，這種算法價格就會比較高，大概會高出 2 成。至於「數量」，若屋主有疑惑，可要求設計師或工班實際丈量，說明數量的報價方式，即使某些材料有特殊單位，也可當場溝通清楚，避免後續糾紛。另外，報價單所列工程金額小計皆為未稅，還要再加上 5% 營業稅。

統包合約：通常包含了設計與工程約，但若有部分工程是委外進行，像是廚具和衛浴設備，則不包含在內；如果是自行發包，則意指跟不同工種所簽訂的合約。

老鳥屋主經驗談 —— Amy

一式或一組之類的單位，有些工班在你想問清楚的時候會不知道怎麼回答，甚至不耐煩的情況，這樣也正好給我一個篩選工班的機會，雖然交代得最清楚的不見得最便宜，起碼透明有保障。

工程費用推估與基本行情價

照著做一定會

O1 拆除與清潔工程行情價

包括牆面拆除、地坪拆除、衛浴設備／廚具拆除，只要有拆除的動作就需要清運費用。精細拆除有時費用會更高。

工程項目	工資	備註
隔間磚牆拆除	約 NT.1000～1500 元／坪	1. 隨工班拆除技術影響價格高低。
地坪拆除	約 NT.800～1200 元／坪（拆到表層）	2. 如果只是局部單一工班工程，有時單一工班也會做拆除，例如翻修浴室或廚房時，報價就以泥作人工計費。
	約 NT.1700～3200 元／坪（拆到底層）	
衛浴設備全拆除	約 NT.5000 元／間	
廚具拆除	約 NT.5000 元／間	
全室垃圾清運	約 NT.3500～6000 元／車	

O2 水電工程行情價

包括全室電線更新、全室冷熱水管、衛浴安裝等，老屋在這部分佔比就會比較重。

工程項目	工資	備註
全室電線換新	約 NT.30000～100000 元	以一般 20～30 坪，3 房 2 廳 1.5 衛住家為基準，仍需依實際配線長度計算。
全室配線配管	約 NT.5000～6500 元／坪（老屋）	水電報價也可要求提供材料品牌，例如太平洋電纜線、國際牌開關等。
	約 NT.3000~4000 元／坪（新屋）	
燈具插座與迴路	約 NT.900～1200 元／1 只	
排水、污水配管	約 NT.1500～2000 元／口	

O3 油漆工程行情價

價格會因層數不同價格不同，有時特殊漆價格也會有影響。

工程項目	工資	備註
刷漆	約 NT.900～2500 元／坪	漆料為進口乳膠漆，以一般 2 次批土，3 道上漆計算。
木作櫃漆	只上透明漆／約 NT.1200～1500／尺	噴漆約 NT.1100～2500 元／坪
	烤漆／約 NT.1800～2200 元／尺	

04 泥作工程行情價

包括防水工程、新增隔間及磁磚工程，要注意鋁門窗水泥填縫也是泥作的工程範圍；衛浴設備通常都是另購，安裝可能為衛浴廠商或是水電工班，而非泥作工班

工程項目	工資	備註
防水工程	約 NT.1000 ～ 1500 元／坪	彈性水泥刷塗一次，進口壓克力防水漆＋防裂網價更高。
貼地／壁磚	約 NT.6500 ～ 8000 元／坪（進口） 約 NT.4500 ～ 5500 元／坪／（國產）	含工資及水泥沙料，不含磚，磁磚材料另計。
新增隔間	約 NT.5000 ～ 7000 元／坪	磚牆估價含雙面粉光、打底。
衛浴設備安裝	約 NT.5000 元／間	包含浴缸、臉盆、馬桶、淋浴間和龍頭安裝，不含材料費。

05 木作工程行情價

包括天花、地板、輕隔間及櫃體製作，不同的木料建材會影響價格高低；木地板找木地板專門廠商人工會較便宜，但架高地板仍由木作工班負責。

工程項目	工資	備註
平釘天花	約 NT.3000 ～ 4000 元／坪	角料結構支撐材，隨板材等級不同，價格會有所增減。
木作櫃體	約 NT.5500 ～ 7000 元／尺（高櫃） 約 NT.2500 ～ 5000 元／尺（矮櫃）	240cm 以上為高櫃；90cm 以下為矮櫃。不含漆、特殊五金，價格依設計難度、施工天數、人數和材料有所增減。
輕隔間	約 NT.2000 ～ 3000 元／坪	矽酸鈣板隔間。
木地板（純工資）	約 NT.1200 ～ 1400 元／坪	架高和材料另計，依材質等級不同價格有差異。

?? 裝修迷思 Q&A

Q. 工程費用行情價有區域差異

A. 由於各地工資差異，有時工人日薪會差異達上千元，工法也可能有些許不同，在網路上詢問行情常常忘記這點。

裝修名詞小百科

同級品：估價單上對於建材及材料，有時會標「ＸＸＸ的同級品」，但是否同級認知往往因人而異，也是造成裝潢預算不斷追加的陷阱。

老鳥屋主經驗談 —— Pink

打電話給三個油漆師傅問報價，但卻報出落差頗大的價錢，一問之下才發現作法其實差異不小，還是得要問清楚。

裝修時程計劃

決定開始裝修，人、事、時、地及價格每一項都是考量的重點，其中「時」的部份涵括了每個工程所耗費的時間預估，及屋主適合裝修的時程長短，畢竟一旦工程開始，也開始了持續燒錢或較不便利的生活模式，只有掌握工程進度才能讓所有裝潢裝修任務在最有效率的模式下進行。

重點 *Check List !*

☑ *01* 決定裝潢時間表

檢視自己的時間條件，並擬定裝潢時間表。從決定裝修的那一刻起，屋主們先要評估的是每個工程對生活的影響及可忍受的時間長度，像是自家的衛浴裝修，那麼裝修期間是不是有替代場所？裝修與生活幾乎牽一髮而動全身，需要經過全家人協調討論抓出最適當的期程。了解工班實際執行時的基本時程，是在著手擬訂裝潢進度前的基本功，考量種種實際因素，才能將誤差值減至最低。

→詳見 P152

☑ *02* 掌握施工順序與流程原則

了解施工流程且評估施工期程。該把工程分割成眾多項目同步進行？還是一步一腳印逐步完成？不論是施工前／中／後期重點、每個工程需花多少時間，都要確實的進行，才能避免事後出現工程瑕疵。列出需要施工的項目，釐清工程內容，再考量施工規模與人數，掌握期程不僅能掌握執行時每個重要的環節，也能更清楚的抓出自己的預算。 →詳見 P154

職人一 今硯室內裝修設計工程有限公司 張主任

視規模和工程複雜度作裝修工程時間評估

一般來說至少需要 2～3 個月的時間，有的甚至還長達半年至一年。任何工程都需要花一定的時間來進行，若自己是外行人，花的時間又會比專業設計師長。

職人二 朵卡空間設計 邱柏洲

裝潢是依賴專業能力和時間來完成的工作

就算你比別人更具平面規劃及工程專業的能力，但裝潢就是需要時間。所謂的時間，包含了自己有沒有時間處理裝潢可能發生的狀況，及房子裝修的時間壓力，這將可能影響裝修預算的支出，各種瑣碎的事都是想要自己裝修的人要考量的。

任何工程都需要花時間來進行，要找到值得信賴的工班才能將時間成本減到最低。 圖片提供 _ 朵卡空間設計

決定裝潢時間表

照著做一定會

O1 預先安排適合的裝修時間

一般裝潢的時間規劃通常是以完工可入住的時間往前推三個月，裝潢時最好避免因節日假日造成中途施工中斷，如遇農曆春節等，以避免太長時間無人看管工地造成危險。建材和傢具最好在裝潢之初就行決定，以免因進口問題或是缺貨讓完工日延後。

O2 檢視施工前後的時間條件

除了實際執行工程時所耗費的時間，前期的規劃與預估、後期的調整緩衝，也都是安排整體規劃時不可忽略的重點。不妨列出表單作一個簡單評估，假如你的資訊收集或是其他相關準備還不充分，所需花費的時間則可能拉長為兩至三個月。

施工階段	自我檢視清單
前期	□需要多少時間做具體裝修計劃？
	□需要多少時間收集相關資料？
	□預計的施工日期前，你需要多少時間進行整體的準備？
中期	□是否有空到工地了解施工的狀況？
	□是否有時間配合進度，安排廠商或材料？
後期	□是否有時間壓力？完工日的拖延可能造成的影響？
	□是否有預留彈性的時間，因應突然的延遲？

O3 施工、採購與完成入住

選擇統包或許可以壓縮時間，卻不見得能省到預算；而將工程分割成眾多項目來發包，也許可以省下許多費用，但是考慮到你所付出的時間是否值得。盡量在工程進行至三分之二的時候，開始採購活動傢具和窗簾等，不一定要全面完工後才選購。最好預留半個月作為突發狀況的緩衝期。

O4 擬定施工的階段與進度表

並非所有的裝修的工程都要一次完成不可，若預算有限，不妨依序分階段、挑項目來作局部性的施工。（可見 P136 頁工程時程標注方法）

工程項目	所花費的時間（天數）	工程項目	所花費的時間（天數）
保護工程與拆除	2～5 天	泥作、水電	12～15 天
木作、水電	10～20 天	水電管線與空調	3～7 天
五金玻璃工程	10～20 天	塗裝工程	2～5 天
地板及其它	3～5 天	清潔收尾	1～2 天

裝修工程 第　個月進度表

日期	1	2	3	4	5	6	7	8	9	10	11	12	13	14	15	16	17	18	19	20	21	22	23	24	25	26	27	28	29	30
星期	二	三	四	五	六	日	一	二	三	四	五	六	日	一	二	三	四	五	六	日	一	二	三	四	五	六	日	一	二	三

?? 裝修迷思 Q&A

Q. 如何計算實際工作日？

A. 住家裝潢，一般假日是不能施工的，尤其是設有管委會的公寓大樓，週休二日及國定假日都不能施工，因此要將實際可施工日列入考量，以免造成落差。一般工作時間為為 8:00～17:00，18:00 之後是正常時間的兩倍。

Q. 對於工班始終有些疑慮該怎麼辦？

A. 其實可以請監工串聯工班，專業監工可以監督工班以保障品質，但不碰錢，發包與金流要經過屋主，但工程串接、驗收等請監工負責，如此即可以兼顧品質與預算。

📖 裝修名詞小百科

連工帶料：連工帶料是將工程及建材採購都交由包工全權負責，優點是省時又省事，但要是找到有問題包工很容易狀況百出，所以除了得找到信任的工班，記得要在合約中註明建材品牌、規格較有保障。

點工點料：點工點料是將包工與建材分開發包及採購，其最大的優點是省錢，尤其是以天計資的包工方式絕對可以省下低於別人三成的費用，但缺點是大大小小事包含工人作工的天數、建材的數量及規格清單都要自己來，不適合工作忙碌的屋主。

😊 老鳥屋主經驗談 —— 阿祥

雖然工程中節省時間就如節省了金錢一般，可以提升整體 CP 值，但一分錢一分貨、慢工出細活仍是不變的真理，有時一味想縮短工期或是一味的和工班討價還價，只會換來偷工減料的下場，想要省錢省時，不如減少使用性不強、CP 值低的工程項目，或與工班討論更經濟的替代方案。

掌握施工順序與流程原則

照著做一定會！

O1 建立相互信賴的溝通管道

掌控各項工程的施作時間需要了解的面向非常多，像是考慮到材料、人員的進出，以及實際工作天數、與各工班之間的銜接點等，自己發包時，不僅要與工班建立好緊密且相信賴的關係，最好能定期開會掌控流程，並設計工程備忘錄，將口頭的約定文字化。

O2 全盤性了解各個工程項目

各工程案件的施工項目皆會有所差異，設計師及工班的習慣也各有不同，所以與各案件實際狀況還是會有些許的調整或出入，務必參考下表掌握每項施工內容及細節。

O3 各工程項目流程清單

大項目	小項目	細節工程
前導預備	防護	地坪三層防護→廚具設備包覆→衛浴包覆→門窗包覆
	拆除	公告→斷水電→配臨時水電→拆木作→拆泥作→拆窗→拆門→垃圾清除
天地壁／門窗	泥作	砌磚→壁面泥作→門窗防水收邊→壁磚與地磚貼合
	木作	木作天花→立木作櫃→木作壁板→木作直鋪式地板→架高地板→系統櫃
	門窗	防水收邊→立金屬門窗
其它	輕鋼架隔間	地壁面放線→釘天花、地板底料→立直立架→中間補強料→開門窗口→單面封板→水電配置→置隔音或防火填充材→封板
	木作物玻璃固定	確定厚度→固定木作物的水平垂直→置玻璃→收邊固定→擦拭
	油漆與粉刷	砂磨→底漆→染色→二度底漆→砂磨→面漆
收尾	清潔	清除粉塵→刮除殘膠、漆點與水泥批土→內外牆、陽台、落地窗清洗

在所有施工工程進行前，要先將公共空間及室內空間皆做好防護措施，才能確保之後工程安全、順利地進行。
圖片提供＿朵卡空間設計

發包
體檢
預算
設計圖
配置　空間
建材
收納
隔間
照明
配色
法規
上班
報價單

時裝
程修

合約
工程　基礎
工程　設備
工程　裝飾
選搭　軟裝
驗收
入住

〈
1
5
5
〉

?? 裝修迷思 Q&A

Q. 找人監工該怎麼編列費用？

A. 嚴格來說，監工包含了「監工與管理」，支出主要用作為與工程進行之溝通、流程掌控、品質控管與車馬費等。監工費的計算方式，大致分為以下幾種，

1. 只收工程費，不收監工費。
2. 設計與工程統一發包，監工費內含。

Q. 若將設計與工程統一發包，該怎麼分配監工的費用？

A. 按總工程的百分比計算，這是目前較多設計公司所採用的方法。監工費佔總工程費的 5％～ 10％，但仍要看工程的大小及複雜度決定。有些監工是以天數計算費用，目的是要確定工程會如期完成。

📖 裝修名詞小百科

放線：在進行砌磚、天花、木作及鋁門窗工程時，需要有全然直線條的參考標準，師傅通常會運用紅刀線儀器製造直線的參考線註記。

隔間：建築學上是指一種重直向的空間隔斷結構，用來圍合、分割或保護某一區域。又分成兩種功能，一是作為建築物的外殼結構，提供足夠防水、防風、防火、保溫、隔熱、隔音等性能，其二是區劃空間的主要構件，亦滿足必要防火、隔音等功能。還有一種較具彈性的隔間方式，運用折門、輕鋼架或玻璃隔間適時將空間轉換成密閉或半開放。

🏠 老鳥屋主經驗談 ── JOJO

雖然事前都有充分規劃，但在裝潢的過程中難免會有許多情況，是無法預估的，像是施作拆除後才發現壁癌或白蟻、管線腐蝕情況，這時候就必須做預算追加。建議這時除了和工班溝通好，最好還是白紙黑字寫下來，並雙方簽署，未來溝通時才有依據。

Project **14**

檢視合約計劃

不論親友介紹或直接委託朋友幫忙，一旦雙方進行勞務和金錢的交換，就務必要簽訂合約，這是極為重要的環節，可以保障彼此，避免日後糾紛。而不論是約定俗成的契約，或是明訂勞務的工程約，也都要在簽約後方可開始執行，任何追加項目，也都應隨時更新契約，或另擬合作備忘錄。

重點 *Check List !*

☑ **O1 契約內容重要項目**

檢視契約內容，了解合約中所包含的項目，像是報價單、設計相關圖樣、工程進度表等各種附件，還有契約條款等，缺一不可，而條款中所有細節數字都需要清楚標明，如尺寸、材質、款式及施工方法等，才能協助整個過程順利進行。
→詳見 P158

☑ **O2 設計約的服務範圍**

裝潢合約通常得視屋主裝潢的程度而定，約可細分為設計約、工程約和監工約，通常監工約會與設計約或工程約合併簽定，每一種合約內容不同，服務範圍與方式也會有所差異。　　　→詳見 P160

☑ **O2 工程合約確認重點**

除了設計約之外，工程約通常占了相當重要的地位，簽約內容要注意款項、工程單價與數量，以及其它條款的合理性。主合約外，通常也要再簽附約，附約包含設計圖及工程費用的細項、數量，此外，建材的內容規格及品牌，也可列在契約附件中作為驗收的依據，建材在契約中也可特別訂明新品的要求。　→詳見 P162

職人應援團

職人一 朵卡空間設計 李曜輝

裝修房子的細節相當瑣碎，委託與被委託的雙方只要有認知的落差，就很容易發生糾紛，合約擬定的目的就是保護彼此的權益，就算是認識以久的親戚朋友，也不能略過這個項目。合約的內容包括工程內容、工程時間和付款，文字間愈明確愈好，免得未來雙方在認定上出現差距。

職人二 今硯室內裝修設計工程有限公司 張主任

裝修費用大致包括材料費、工資及統包利潤，貨比三家是對的，但是比價格要比材質、比工法、比工資及區域，每種工程都有一定的計算標準，在檢視合約工程中一定要特別留意。

除了文字、表格文本之外，也需要保留平面圖或設計相關圖樣，才能清楚標明施工細節。
攝影 _ 江建勳

契約內容項目重點

照著做一定會

O1 簽約流程要清楚

通常在初步解說平面規劃圖說後，確認整體規劃無誤，雙方才開始進入簽約的程序。簽約後也才會再針對細節部分提供更多的圖說及工程解釋，若要將工程委託他人則要再簽工程約。不管是室內設計師、裝修工程公司或工班都應簽訂文字合約，合約中要特別標註「建材等級」，避免日後紛爭。

對裝潢也要有基本認識，才能和工班對談，了解他們是否做對。

O2 確認合約內容

合約書中都會標明「施工日期及施工時間」，甚至是變動的可能性標明，也會附有「建材報價單」以及「各項工程款表格」，屋主必須仔細核對各項工程的單價與數量計算是否合理，設計費及監管費是否都包含在其中，這些費用的問題，都要確認後才能簽約。

O3 合約內容數據化，任何追加都應入約

很多裝修糾紛案，都是對於建材用料等級認定不同而發生爭議的，因此在訂定合約前，就要確認所有建材用料等級。契約中應說明如果有任何工程追加，一定要經過雙方書面同意，以免日後引起爭議，其他如付款方式、整體設計表現與驗收標準等項目，最好都有文字簽署。

即時自己找工班來裝潢，也要採圖面溝通的方式當成報價的基礎。
攝影 _ 江建勳

O4 附進度表掌握工期

合約書中會標明施工進度，屋主必須請工班逐步說明，務必了解每個條列的施工狀況，並掌握施工的日期，避免兩方認知上出現差異。簽約時必須要核定合約上簽約人或公司的大小章，保存正本合約並檢查公司的營利事業登記證，以維護自身利益。

O5 保存合約保障權益

所有合約資料屋主都要保存，甚至日後有變更而簽署的任何資料，都要一併增加進來，讓合約完整，如果日後發生問題，便具備完整的裝修資料，調解的單位也比較好處理。

進入簽約程序前屋主需要多方了解發包方面的知識，或上網參與社團間的討論，如 FB 社團「裝潢 DIY 研究室」等平台。

發包
體檢
預算
設計圖
空間配置
建材
收納
隔間
照明
配色
法規
工班
報價單
裝修時程
合約
基礎工程
設備工程
裝飾工程
軟裝搭配
驗收
入住

〈 1 5 9 〉

?? 裝修迷思 Q&A

Q. 工程進行到一半了才想改當初的裝潢規劃，契約可以修改嗎？

A. 工程進行中難免會因為實際屋況，或者屋主臨時更改設計而有追加的動作，無論是設計師或者屋主要變更設計，都要經過雙方書面同意後再進行，以免口說無憑日後付款時造成爭議。

Q. 工程增減、改變的幅度很大，需要重新擬訂契約嗎？

A. 將「追加或變更都必須經雙方簽名同意，始能進行施工」列入合約條款中，之後就算工程增減的幅度很大，也不需重新擬訂，若要追加預算，增加裝修需求，就必須針對原有設計再做溝通。

📖 裝修名詞小百科

階段性驗收：工程付款有一定的階段，「階段性驗收」則是分階段式的付款方式，通常是在完成簽約、泥作、木工及完工後，屋主驗收比對實際結果與當初約定的條件是否相符，如果無誤便可以比例付款，常見付款比例為 3：3：3：1。

一式：報價單中無法準確計算的品項，會以此作為單位，這也是最常出現爭議的部份，因此一定要有適當圖面佐證，必須有清楚的依據，才不會造成模稜兩可的誤解。

😊 老鳥屋主經驗談 —— 楊若黎

合約書面其實是不需要當天就馬上簽訂的，每個屋主都有權花時間將內容仔細研讀，逐一確認、檢視其中條款，確認好所有內容後雙方再簽約，一般可以有 7 天的審閱期間；千萬別因為是朋友介紹，沒好好閱讀過合約就貿然簽字。

PART 2
設計約的服務範圍

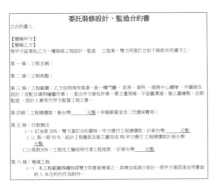 照著做一定會

O1 室內設計合約的規定內容

通常在屋主與工班雙方就格局取得共識後正式簽訂的契約,簽約時通常只附上平面圖,等合約簽定後,則需要陸續出圖作為憑據,圖包括了立面、水電、燈光、櫃體、空調、地板等等,有些設計公司為了施工更為精準,甚至可以出圖到 70 ～ 80 張,有的就坪數算,有的則以總工程款幾成收。

圖片提供__朵卡空間設計

O2 報價單的項目內容

在與工班合作時,報價單則決定了整體估價計價的方式,市面上常見的估價方式有「工程順序」和「空間區域」,如果是整個空間裝修,建議以工程順序方式估價,逐條列出施工內容所需的費用,當需要增減預算時,便能一目了然和設計師討論。

O3 清楚裝修項目與價格

工班追加預算超過 10%,即代表有問題,多留意一般容易被隱藏及漏報的工程項目,老屋較常會遇到瓦斯管移位、抽水馬達更新等漏報問題;此外,空調、衛浴與廚房設備報價也常特意被遺漏,看報價時都要注意。

O4 看懂裝潢工程的計價單位

常用的記價單位通常以面積規模作為測量,依國情不同,長度的單位也各異。報價單若均以「一式」報價,沒有說明「一式」代表多少數量或面積,屋主既無法尋價比較,亦可能被不肖業者從中賺取高額價差。盡量減少報價單中以「一式計價」的情況,且需針對一式計價,建議附圖說明,並了解各項工程使用的計價方式。

發包 體檢
預算
設計圖
空間配置
建材
收納
隔間
照明
配色
法規
工班
報價單
裝修時程
合約
基礎工程
設備工程
裝飾工程
軟裝搭選
驗收
入住

161

工程常見計價換算表		
單位	換算說明	運用
才	30.3 公分 X 30.3 公分 = 918.09 平方公分 = 0.027225 坪	(1) 用在木作工程裡，如衣櫃、書櫃等計量單位 (2) 櫥櫃的油漆計價（包括特殊油漆，如烤漆） (3) 鋁窗的計價單位 (4) 少部分會運用在磁磚的計價上
片	= 60 X 60 公分 = 3600 平方公分 = 0.1089 坪 80 X 80 公分 = 6400 平方公分 = 0.1936 坪	大理石或特殊磁磚的計價單位
尺	1 尺 = 30.303 公分 = 0.30303 公尺	木作櫃、玻璃工程、系統傢具的計價單位
口	(1) 部分泥作工程，如冷氣冷媒管及排水管洗孔的計價單位 (2) 水電工程之開關及燈具配線出線口的計價單位	
樘	類似「一組」的概念	門窗的計價單位
車	拆除、清理工程的運送費	
碼	1 碼 = 3 呎 = 36 吋 = 91.4402 公分	窗簾及傢飾布料的計價單位

?? 裝修迷思 Q&A

Q. 報價單的工程項目中，工資另計合理嗎？

A. 需要另外計價的工資部分有：木作工程、泥作工程、空調裝設、衛浴與廚具安裝、燈具安裝與系統櫃安裝等，都算是合理範圍。但是大多木作與泥作工程報價皆為含工帶料，這點需先釐清。

裝修名詞小百科

建材等級：包括建材尺寸、品牌、系列及顏色等，請要求設計師備註清楚，預防建材被調包，作為日後驗收的依據。

一才：報價單中容易出現的單位，通常以面積最多，像是坪數、平方公尺等最為常見。

老鳥屋主經驗談 —— Lilian Lin

家裡計劃要作地板的裝修，但挑定的進口建材竟遇上缺貨，在合約已經擬訂的情況下，我們請工班在不增加預算的前提下另選了其它建材，那時雙方在口頭選定後，再記錄於合約中，並加了備註：「若有缺貨或無法供應時，以提供同等級材質取代」。

工程合約確認重點

照著做一定會

O1 訂定工程範圍與期限

雙方訂定設計圖、施工進度表及報價單後，需經屋主簽證同意後依所列項目進行施工。工程期限的制定方面，工班與屋主須協議預定完工的時間及延遲完工的罰則，時間可用施工天數，也可明訂完工的年月日。

O2 付款辦法與工程變更

含雙方議定的的裝修總金額，依照共同訂定的方式階段性付款。若工程需要變更時，雙方得對「裝修金額」、「項目」及「工期修改」有進一步的處理認知及方式。同時契約中應載明若有任何工程追加，一定要經過雙方書面同意，以免日後引起爭議，其他如付款方式、整體設計表現與驗收標準等項目，最好都有文字簽署，才有依據可證明。

O3 條列罰則內容

遲完工的罰則，事實上還包括逾期未完工扣工程款、屋主階段性未付款、以及未按圖約來進行施工等等，屋主應詳讀，並討論增減內容。

O4 工程驗收後支付尾款

通常裝潢公司會在此項保障自身的權益，例如：完工後，通常屋主要在 5 日內驗收，若屋主延遲要支付賠償金等。屋主應該詳讀，並確認自己可以接受才簽。合約上註明「工程驗收後」支付尾款的地方，最好寫「驗收通過之後」，避免設計師、工班和屋主對「驗收標準」的定義不同產生糾紛。

O5 保固範圍與時間確認

通常會提到保固期內如施工不良、材料不佳而有所損壞者，設計公司應負免費修復之責。裝修完成驗收交屋後，一般裝潢公司在合約中都會註明給予一年保固期。但要注意的是，保固不代表大小事情設計師都會免費處理，非人為造成的損壞才在保固範圍內，如果是不當操作的損壞，還是需要支付部份費用。

06 明訂第三方單位協調

另外公司及負責人大小章都要備齊，包含雙方的身份證字號及蓋章等等，缺一不可。簽約時必須要核定合約上簽約人或公司的大小章，保存正本合約並檢查公司的營利事業登記證，如果發現有違反自身利益的條款，可重擬。雙方有爭議時，也要在合約中明訂雙方都能接受的第三方單位作協調。

簽約時雙方證件與印章缺一不可，屋主與裝修公司之間需要重複確認該填入的欄位是否都有完整。
圖片提供_朵卡空間設計

?? 裝修迷思 Q&A

Q. 想自己設計卻不會畫圖，若請設計師畫圖，需要簽合約嗎？

A. 有些設計公司會依照自己的工作性質或作業方式而要求畫平面圖要簽訂合約，還有種做法是圖面修改不超過規定次數，則不收取任何服務費，反之如果平面圖修改次數超過合約上所載明的次數，則會酌收服務費，各家設計公司作法皆有不同。

Q. 若將設計與工程統一發包，該怎麼分配監工的費用？

A. 按總工程的百分比計算，這是目前較多設計公司所採用的方法。監工費佔總工程費的 5%～10%，但要看工程的大小及複雜度決定。有些監工是以天數計算費用，目的是要確定工程會如期完成。

裝修名詞小百科

設計更改：與變更設計（客變）不同，業主在拿到設計圖後約 7～10 天內，工程還未開始前，可與設計師討論需要修改之處，此時進行更改不需收費，但若是等到進場後才要改變原有設計，則需以坪計費。提醒屋主設計變更也需要在合約上簽約註明喔。

統包合約：通常包含了設計約與工程約，但若有部分工程是委外進行，像是廚具和衛浴設備，則不包含在內；如果是自行發包，則意指跟不同工種所簽訂的合約。

老鳥屋主經驗談 —— 貝貝媽

在與裝修公司訂定合約前，最好就要確認過程中會用到的建材用料等級。第一次裝修房子時，原本以為相信專業，沒有特別指定建材，結果完工後木地板、櫃體等和當初給我們看的示範照片都有些落差！

Project **15**

基礎工程計劃

無論打算自己發包、自己監工，或是委託監工人員，每個裝修的工程工種都有不能忽略的細節，除了可要求現場監工提供監工日誌、工程日報表等文本資料作為參考之外，同時應對於工程施作細節有基本概念，就算是裝修菜鳥也能簡單上手。

重點 *Check List !*

☑ *01* 保護 & 拆除工程

進行所有裝修前一定要做的兩件重要工程，一是保護，適當的包壁包管，避免誤傷到裝修之外的其它地方；另一是拆除，拆除工程最重要的就是進行中要避免損壞結構牆、載重牆，拆除之前必須要先斷水斷電。　　　→詳見 P166

☑ *02* 水電工程

進行裝潢裝修前，可請工班先檢查水電管路是否老化，評估水電重鋪的必要性。排水管的坡度取決於管徑大小，設置水管前要先確認。廚房內的電器設備因為所用線徑較粗，通常需要獨立的配線以及無熔絲開關。　　　→詳見 P170

☑ *03* 泥作工程

這裡的泥作包括了磁磚、水泥粉刷和石材，為了讓溝縫材質可以和牆面確實結合，貼完磁磚隔天再進行抹縫。粉光使用 1：2 或 1：1 的水灰比，水灰比越高密合度較好。填縫時，地板與壁面都要注意防水性是否足夠。　　　→詳見 P173

☑ *04* 鋁門窗工程

鋁門窗工程通常搭配泥作工程一起進行，施工分乾式和濕式。乾式工法就是用喜得釘鎖上固定再打矽利康塞水路，此工法常用在舊窗外框不拆除而直接安裝新窗戶時；濕式工法就是一般鋁門窗安裝在牆面的方式，經過泥作填縫，隔音防水都較佳，用於開新窗、拆舊窗框後重裝。　　　→詳見 P176

☑ *05* 地板工程

更換地板是舊屋翻新裝潢工程中常見的項目，尤其是廚房地磚的更換，或是原有架高木地板的拆除，想省錢也可避開拆地板，在原有地磚鋪上木地板。木地板工程完成後，後續若還有其他工程需要進行，應做好保護防護措施。　→詳見 P178

職人一 朵卡空間設計 邱柏洲

任何工程進行前屋主一定要對各工程項目的流程，做一個全盤性的了解，由於各工程案件的施工項目或多或少有所差異，工班也有各自的習慣考量，所以與各案件實際狀況還是會有些許的調整或出入，其中重要的幾項工程如拆除、泥作、鋁窗、水電、空調、木作、系統櫃、油漆等施工內容重點也務必需要在作好功課進行了解。

職人二 朵卡空間設計 李曜輝

中古屋或老屋不像新房子已預留好冷氣管線，因此若有安裝冷氣需要的民眾，則需要在泥作工程之前，進場先做埋線的動作，以免事後重新挖鑿。在整個房子進行工程的同時，廚房廁所衛浴也有拆除、埋水電、泥作防水工程、貼磚的程序，唯獨設備（洗手檯、馬桶、浴缸等）需要等到整個房子工程走到最後清潔程序之前進場，這樣才能避免安裝好的新設備在工程進行時受到損壞或消耗。

自己發包監工，建議其發包工程別太過複雜，如櫃體決定用系統櫃，便系統櫃走到底，或統一由木工師傳統包到底，以免又是木工又是系統交錯，最後責任分工不清容易導致糾紛。

圖片提供 _ 朵卡空間設計

保護 & 拆除工程

照著做一定會 保護 & 拆除工程

地坪進行三層防護 → 廚具浴室及窗戶妥善包覆 →
斷水電 → 配臨時水電 → 拆除木作裝潢表面裝飾 →
木作天花板拆除 → 隔間牆拆除 → 完成

開始進行拆除之前，公共區及室內地板及樓梯扶手、電梯等都應鋪上保護層，作好基本保護工作。
圖片提供 _ 朵卡空間設計

拆除牆面時除了須留意牆內管線，更要注意不可損及結構牆。　　　圖片提供 _ 朵卡空間設計

O1 事後收尾免煩惱

保護工程是裝修工程的第一步，在所有施工工程進行前，先將公共空間及室內空間皆做好防護措施，才能確保之後工程安全、順利地進行。如果沒有妥善做好，日後在施工中容易造成原有建材破損，導致後續工程運作上的麻煩，若損壞情況嚴重，被破壞部分可能要修復或重做，不但多花一筆錢，也耗費更多時間！

O2 保護工程的施工要件

拆除前公共區域包含樓梯電梯及大廳等，以及房屋室內地板及牆面，都要鋪保護板，保護板大部分材質是「PP中空板」，用來保護地、廚房、門、傢具。拋光地板及木地板建議鋪 3 層：PU 防潮布為底層、中間為瓦楞板、最上層為夾板、夾板也分大陸板的 1 分或 2 分，價差將近 1 倍。鋪板前一定要先將地板粉屑徹底清掃乾淨，否則保護板下的粉塵很容易刮傷拋光石英磚。

O3 拆除前的其它防護措施

瓦斯管源頭要先關閉，窗戶、開口處、樓梯扶手或人、物容易墜落處，要拉起警戒線，現場更需要準備滅火器，並要有拆除時造成走火意外的斷電危機處理，以上拆除現場安全的留意很重要。另外，廁所、陽台的排水管應先塞好、牆中或地面的暗管管線都要先做好保護，不能讓拆除時異物掉入以免未來施工時造成堵塞。

O4 拆除工程的方式

拆除工程進行的方式，通常可分為「一次性拆除」和「分批拆除」兩種。「一次性拆除」是指在一天內完成全部拆除，雖然節省時間，但同時間較不好掌控進度。「分批拆除」通常視拆除項目分 2～3 天進行，可減少同時間巨大的施工聲響和噪音，現場也相對易於控管，可仔細檢視。

無論哪一種拆除，都會清出數量超乎想像的垃圾廢棄物，切記垃圾不能堆放在公共空間，當天的垃圾要在當天處裡完畢。
圖片提供＿朵卡空間設計

O5 拆除五工法注意事項

項目	工法
見底	1. 看天花板、隔間、地板接縫處，勘查磚牆是否老化、脫離 2. 從樓梯間看樓板層厚薄判斷承重力，試著跳躍看樓板會不會震動 3. 檢查牆壁與地面的管線，包括公共管線
去皮	1. 去除裝飾材及相關結構含表面材的附屬工程材料 2. 去完後應該不會影響下一個工程進行 3. 撕除壁紙時使用鹽酸須留意，務必稀釋後使用，否則會損害水泥
打毛	1. 主要施作在水泥表面 2. 切忌在壓克力質或塑化類塗料上施作水泥工程
切割	1. 目前較先進的做法是以水刀切割，減少噪音，但工資較高 2. 建議開窗戶、樓梯等工程採用水刀，可減少工安意外 3. 使用水刀切記水不要亂流，小心不要切到公共管線
取孔	1. 堅守 4 孔原理：孔數、孔距、孔位、孔徑 2. 取孔時要考慮完工後的實際尺寸 3. 鑽取孔徑時，須預留二次工法尺寸

壁面打毛
切割
壁面去皮
地面見底

無論原先的裝潢有多漂亮，都拆除到可以看到原來結構。
圖片提供＿朵卡空間設計

06 拆除工程完工確認

完工後首先需核對和圖面是否正確,例如要拆掉的隔間牆有無拆除;第二,檢查工程是否牢靠,在拆除工班退場當天,可請專業人士到現場檢視工程品質,若有「規則性」的直裂紋或橫裂紋,表示和原牆結構銜接不佳,應討論解決方式,以免日後造成危險。

07 看懂報價單

Point ▶ 保護工程

項目	單位	數量	單價	金額	備註欄
公共空間保護工程	式	1	NT.12000	NT.12000	防潮布 + 瓦楞板 + 一(二)分夾板
室內保護工程	式	1	NT.5500	NT.5500	防潮布 + 瓦楞板 + 一(二)分夾板

Point ▶ 拆除工程

項目	單位	數量	單價	金額	備註欄
1F 玄關地面磁磚拆除見底	式	1	NT.3000	NT.3000	
1F 浴室地壁面磁磚拆除	M2	17.5	NT.350	NT.6125	
1F 浴室衛浴設備拆除	式	1	NT.3000	NT.3000	
1F 浴室浴缸及紅磚拆除	式	1	NT.4000	NT.4000	
1F 浴室廚房牆面高度切割拆除	式	1	NT.6000	NT.6000	
1F 廚房隔間拆除	M2	13	NT.300	NT.3900	
1F 原電視牆面拆除	M2	4	NT.300	NT.1200	
1F 天花板全部拆除	M2	46.5	NT.300	NT.13950	
1F 吊櫃拆除保留	式	1	NT.8000	NT.8000	廚房
2F 主衛浴地面磁磚拆除見底	式	1	NT.3000	NT.3000	
2F 主衛浴壁面磁磚拆除	M2	6	NT.350	NT.2100	

說明:
1. 天花拆除時,內藏的管線有可能是屬於樓上的管線,例如廚房排水管、衛浴排水管與糞管。
2. 裝設瓦斯、排油煙機等管線預先鑽孔時,除了嚴禁破壞結構層外,工具操作時亦要小心內藏管線。

註:以上價位僅供參考

?? 裝修迷思 Q&A

Q. 拆除工程千頭萬緒，有固定的拆除順序嗎？

A. 一般是由上而下、由內而外、由木而土。大門是拆除的最後步驟，防止非施工人員進入，也避免小偷入室。另外可將大門內側的木門、紗門等先拆除。在不影響排水與清潔的前提下，馬桶可最後拆除，以便現場工作人員使用。

順序	施作項目	順序	施作項目
1	做防護	6	拆除泥作
2	公告	7	拆除窗戶
3	斷水電	8	拆除門
4	配臨時水電	9	垃圾清運
5	拆除木作		

Q. 想打通客廳和餐廳，卻發現隔牆是載重牆，可以稍挪位置或用其它牆面取代嗎？

A. 樑、柱、樓板、樓梯皆為房屋的主要區塊，尤其是剪力牆、載重牆等重要結構，隨意更動的後果都非常嚴重。如若非更動不可，則須專業結構技師的鑑定，費用通常由屋主負擔。至於一般的隔間牆，1／2B（1B=24公分、8吋磚牆）以下都可拆除；此外輕隔間亦能拆除。

📖 裝修名詞小百科

去皮：就是去掉泥作牆上面一層的意思，例如衛浴或廚房改變風格，打掉原有舊磁磚，重新貼磁磚。但要注意的是如果有壁癌問題、水灰比過低或者地壁沙化，那麼即使去皮，未來的泥作也很難操作，這時候就要見底。

見底：見底是地壁打到見磚，如紅磚、混凝土層，方便未來重新水泥粉刷。常施作在房子有壁癌處，或者水泥面凸起誇張處。

剪力牆：通常位於外牆，主要功用在於連結與傳導而非支撐，讓力量通過與剪力牆連接的屋頂、牆壁和地基、土壤，得於均勻分散，並提供水平方向的抗拉、推力，是使用於較早期樓層較低的結構工法。

😊 老鳥屋主經驗談 —— 小魏

家裡是四十多年的老房子，屋況本身就有漏水及壁癌，工班師傅建議我，在拆除工程完畢、泥作工程開始時可以順勢處理，檢測水氣是否從外牆或樓頂來，再進行抓漏除壁癌，如此一來果然根除了家裡大患，建議大家也可這樣做，否則工程做完才來抓漏就麻煩了。

水電工程

照著做一定會 水電工程

確定進排水位置 → 測水平與排水高比 → 配管 →
測進水壓 → 裝進排水龍頭排口 → 放水與排水測試 →
確定插座開關等出口位置、高度 → 測水平線 → 拉管 →
拉線 → 固定面板與配件 → 完成

衛浴防水工程屬於藏在內部的隱蔽性工程，因此施工後很難從表面看出好壞，只有做好積水測試才能杜絕施工瑕疵。圖片提供 _ 朵卡空間設計

客廳存在著多樣的電器設施，如電視、網路線、電話線、冷氣線等，不同線路需要獨立配置。圖片提供 _ 朵卡空間設計

O1 水電工程的涵括範圍

水電工程顧名思義就是給排水工程和電力工程的合稱。這裡的「水」指的是冷、熱水管的配置、排水管、糞管以及衛浴配件組裝等。「電」指的是強電：舊電線換新、電容量的分配、基礎燈具及暖風機的裝設；弱電：有線電視、電話、網路、防盜保全、門禁管制、監視錄影等等相關設備。

O2 完工後加壓試水的必要

水電工程的每個步驟都非常重要，不只過程中必須謹慎進行，完工後也要加以測試，像是給排水管接好後，透過存水、加壓等方式，檢測有無漏水或是否暢通，才能避免日後發生使用上的問題。此外，漏水常常是因為零件沒有裝好或是少了步驟等錯誤造成，最好確認的方式就是測試。

排水管試水不加壓，直接倒水看通暢與否。圖片提供__朵卡空間設計

O3 選對水管材質保障用水品質

水管材質主要分為不鏽鋼管與 PVC 管兩種，居家熱水管通常使用不鏽鋼材質，可在熱水管上加上保溫披覆，減緩溫度在輸送過程中降低的速度。由於耐水壓力比一般水管好，冷水水管亦可使用不鏽鋼管材。PVC 材質大致分為 A、B、E 三種，A 管為電器管，B 為冷水進水管，E 管為排水或電器用管，不得混合使用。PVC 管在火烤彎管時要小心避免燒焦情形。

O4 電工程需配合空間做規劃

配合居住者的生活習慣，客廳存在著多樣的電器設施，如電視、網路線、電話線、冷氣線等，不同的需求與注意事項，線路都需要獨立配置。廚房內常設有高壓電器也需要獨立配線。如果浴室要裝設電話、電視或音響系統，記得選用防潮配備與工法，防止器械損壞以及漏電。

施工前要計算且預留插座、水管或掛件等開孔位置，完成後若要新增，會面臨要重拉管線或開孔敲掉重做。
攝影 _Yvonne

O5 看懂報價單

項目	計價方式	備註欄
管線移位、重配	約 NT.5000 ～ 6500 ／坪（老屋） 約 NT.3000 ～ 4000 ／坪（新屋）	
全室電線換新	約 NT.30000 ～ 100000	以一般 20 ～ 30 坪，3 房 2 廳 1.5 衛住家為基準，仍需依實際配線長度計算。
燈具插座與迴路	約 NT.900 ～ 1200 ／只	
衛浴安裝	約 NT.3500 ～ 6000 ／坪	
全室垃圾清運	約 NT.3500 ～ 6000 ／車	包含浴缸、面盆、馬桶、淋浴間和龍頭安裝，不含材料費。
空調配管迴路	NT.2000 ～ 2500 ／迴	

說明：
1. 水電工程的項目包含：老屋全室冷熱水管、全室電線抽換更新、衛浴安裝工資等。
2. 一般冷氣設備的項目包含：窗型、分離式與中央空調，價格視機種及品牌而定。

註：以上價位僅供參考

?? 裝修迷思 Q&A

Q. 水工程完成後要如何做防水測試？

A. 接好水管之後，在泥作進場填補做防水前，必須加壓試水至少 24 小時。24 小時內常保管內有水，並且用加壓機增壓至每平方公分 5 公斤的壓力，測試是否管徑和接頭足以承受水壓，沒有漏水的情形才可進行之後的工程。

Q. 我家屋齡雖有 16 年，但設備功能都很正常，需要全面更換水電管線嗎？

A. 中古屋通常以 15 年作為分水嶺，屋齡 4～15 年內皆為中古屋，未滿 3 年則為新成屋，而超過 15 年者則歸類為老屋。以中古屋而言，除非有立即明顯問題，否則基礎工程不用動太多。15 年以上屋子歸類為老屋，需要注意電力負荷容量及電線老舊問題，以免電線走火。屋齡超過 20 年以上的老屋，水電及瓦斯管線最好全部換掉。

裝修名詞小百科

出線孔：又稱為集線盒，為各種開關、插座的出口，透過面板做為集中點。安裝時注意需牢牢固定以及蓋板要密合。配置集線盒的時候，可在牆面註明尺寸，並確認水平整度。

弱電：電視、網路、電話等此類電器所需電源通稱為弱電，屬於低伏特（12、24V）。

漏電裝置：通常設置在衛浴、廚房、洗衣間或是室外、頂樓陽台，反應速度如有漏電現象會自動切斷電器，是保護人員的安全裝置。

存水彎：一般都做在樓板下層，利用 U 型與水平衡的排水原理，加上液體阻絕氣體的特性，避免穢氣、蟲蟻與蟑螂。

明管、暗管：管線外露、眼睛看的到的稱為明管；反之內藏於天花、牆壁、地坪的稱為暗管。

老鳥屋主經驗談 —— 老張

家裡洗澡時熱水總是等很久才熱，詢問後又發現不是熱水器的問題，經過師傅檢查後才發現是冷熱水管線配設過長，不鏽鋼熱水管的保溫力有限，總是在傳送過程中因氣溫影響，導致出水口那端熱量散失，後來我們也聽師傅建議在熱水管加裝保溫披覆，解決了熱水的問題。

發包
體檢
預算
設計圖
配置空間
建材
收納
隔間
照明
配色
法規
工班
報價單
時程裝修
合約
工程基礎
工程設備
工程裝飾
選搭軟裝
驗收
入住

PART 3
泥作工程

照著做一定會

水泥粉刷工程	水泥拌合 → 貼灰誌 → 角條 → 打泥漿底 → 粗底 → 刮片修補 → 粉光

水泥貼磚工程	砌磚牆 → 打底 → 防水 → 粉光 → 貼磁磚

衛浴空間中的磚牆泥作由於牽涉到給排水系統，工法上需要格外嚴謹。　圖片提供 _ 朵卡空間設計

浴缸泥座應事先保留兩個排水孔，才能確保浴缸裡外排水不積水垢。　圖片提供 _ 朵卡空間設計

O1 泥作工程的範疇

凡是涉及到水泥和砂的，都屬於泥作工程的範疇，從大規模的砌磚牆、打底、粉光、貼磁磚，到小規模的局部修補等，樣樣都跟泥作脫離不了關係。即便沒有牽涉到水泥和砂的防水，也屬於泥作工程之一，因為防水要與泥作配合，壁面和地面都要整平，壁面經過初胚打底後，才能夠上防水漆，地面則在拆除水電配管、泥作洩水坡度做好打底之後，才能夠上防水漆。

O2 地、壁、外牆的磁磚工法各有不同

貼磚工程與工法、貼磚區域性質而有多種差異，「硬底工法」用於內外牆壁磚，地磚則分為「乾式、濕式工法」，乾式多用於客廳與臥房，濕式工法磁磚的貼著力較強，可運用於廚衛區域。

O3 磁磚施工細節

貼完磁磚隔天再抹縫,讓溝縫材質可以和牆面確實結合,避免日後剝落龜裂。溝縫所採用的顏色也要事先溝通,抹縫劑要依標示比例調配,抹縫時較注意厚度均勻;調色要用無機質的染色劑。

O4 磁磚打底與收邊

常用的磁磚貼著劑為海菜粉,作用在抑制水泥發熱、乾涸的時間速度,減少水化現象另外還要視尺寸大小、使用年限做考慮,因為環境、氣候與人的影響,會造成不同程度的剝落。磁磚收邊使用 PVC 角條、收邊條時,要配合磁磚厚度,由於磁磚規格不同,沒注意細節的話會出現高低差的現象。另外,任何開口如門、窗做壓條收邊時,要以 45 度切角為準,不能有過度離縫、搭接或破損情形。

O5 水泥粉刷需準確調製水灰比

堆砌磚牆完成後,在磚牆表面上使用 1:3 的水灰比打底,能強化磚牆的物理結構。粉光使用 1:2 或 1:1 的水灰比,水灰比越高密合度較好,相對透水性也降低,適合用在油漆前打底的防水粉刷。

O6 水泥粉刷的注意事項

a. 粉刷前要先注意地壁、水管、電線都裝設完成,並確認所有管線位置、孔徑都有照著圖面來施工。
b. 確認門窗框垂直水平位置
c. 水泥砂不能混摻雜質
d. 壁面要灑水、保持清潔

O7 泥作石材工程

石材地坪或牆面也算是泥作工程範圍,施工品質將影響呈現效果,鋪設壁面石材要注意載重,需要先確認掛載的工法是否足夠支撐。此外,面盆設計則要注意檯面的支撐力要足夠,同時倒角水磨與防水的工作也都要做好。填縫時,地板與壁面都要注意防水性是否足夠;打矽利康時則要注意貼條以及美觀與否。另外在加厚處理、兩片石材結合時,片與片之間的平整度要特別注意,同時也要記得作具有防水性的收縫處理。

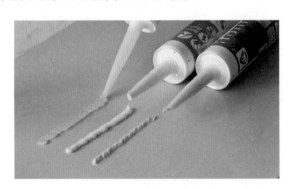

矽利康、收邊條、填縫劑等這些材質
隱身在不起眼的地方,卻是打造居家
美觀的重要環節。　攝影 _Yvonne

08 看懂報價單

項目	計價方式	備註欄
防水工程	約 NT.1000～1500 ／坪	
老屋拆除原有磁磚後表面的粉光打底	約 NT.2000～2500 ／坪	
磁磚貼地／壁磚	約 NT.4500～5500 ／坪／國產 NT.6500～8000 ／坪／進口	含工資及水泥沙料，不含磚，磁磚材料另計。
新增隔間	約 NT.5000～7000 元／坪	一般磚牆估價，含雙面粉光、打底。
衛浴隔間	約 NT.3500～6000 元／坪	

說明：磁磚購買後需驗收，先確認批號、編號、顏色、尺寸，以及包裝有無破損等細節，經過點收後，通常在產品品質無虞的情形下是不能退貨的。檢查磁磚是否平整時，可拿兩片磁磚以面對面的方式，比對看看有無翹曲情形，施工前要記得事先檢查。

?? 裝修迷思 Q&A

Q. 易潮濕區域在泥作時應注意什麼？

A. 家中「易潮濕區」需要使用止滑度較高的磁磚，淋浴間裡面的磚最好選擇分割更小的尺寸，乾區可用 30 X 60 公分的磚，如馬賽克磁磚。水泥粉刷一律要刷到頂，尤其衛浴廁所紅磚不能外露，以免產生防水漏洞。

Q. 石材施工如何能做到無切割痕跡的拼接？什麼是無縫工法？

A. 這就是所謂的「無縫工法」，是將石材間縫隙使用壓克力樹脂等防水素材，藉由調出相似的基色，讓填縫後能看起來「近似」一整個大平面，但近看仍能發現縫隙；填縫後的拋光、晶化處理，視覺效果會更美觀。

裝修名詞小百科

填縫／抹縫：前者將磁磚間的縫隙以水泥或填縫劑填滿，強調縫隙的紋路感；後者以軟刮刀抹過水泥，則稱「抹縫」，可緩衝熱漲冷縮效應。

灰誌：又稱為「麻糬」（台語）。意思是以十字線利用垂直與水平的交叉處，在壁面作為垂直的參考點，主要是方便水泥粉刷時對照使用。

老鳥屋主經驗談 —— JUDY

泥作施作前，要先跟師傅討論泥水排放的方式與管路，以及工具清潔位置。施作時泥水不會馬上乾，所以進行地壁面沖洗時，如何排放水是關鍵，萬一流入家中管線，就要大興土木、拆管處理了。

鋁門窗工程

照著做一定會 | 鋁門窗工程

拆除打牆 → 清運 → 立窗（安裝窗戶） → 泥作填縫 →
泥作塞水路 → 完成

（左）拆除人員拆卸舊窗框時，需注意其它磚牆的破壞程度，事後都要再進行修補。
圖片提供 _ 朵卡空間設計

（右）鋁門窗品牌眾多，但一般消費者不一定買得到，直接詢工班師傅最為直接。
圖片提供 _ 朵卡空間設計

O1 慎選鋁門窗品牌

平常在廣告上會看到的鋁門窗品牌，如鵝牌、錦宏、YKK、正新等，這些廠商是出產固定尺寸的成品窗和可以裁切的鋁擠型窗（鋁錠經加熱擠壓而成的鋁條，經裁切組裝後就是窗框），不供貨給下游的加工廠或鋁門窗行，鋁門窗行才是直接切割、安裝和提供保修服務給消費者的人。可以問問附近鄰居找誰做，街坊口碑最直接，還看得到成品，離家近維修也方便。

O2 安裝鋁門窗前的破壞工程

拆除打牆是在牆上開洞或是拆掉舊窗框，需要拆除人員進場施工，這部分最需要注意不可粗暴，以免造成外牆磁磚破裂，並且要將舊窗殘留的填縫泥砂清乾淨，否則日後新舊材不密合產生漏水問題，非常麻煩。拆除還包括磚石及廢門窗清運，還有繫上帆布遮擋風雨。拆除後工班應該進行第二次丈量，確定門窗尺寸。

O3 鋁門窗的乾式工法

鋁門窗工程通常會搭配泥作工程一起進行，施工分為「乾式」和「濕式」，乾式工法就是用喜得釘鎖上固定再打矽利康塞水路，此工法常用於舊窗外框不拆除而直接安裝新窗戶時，陽台外推另加裝窗戶或雨水不會直接接觸窗戶的情況。優點是施工乾淨快速便宜，缺點則有窗框寬厚不美觀，隔音效果較差，容易漏水。

O4 鋁門窗的濕式工法

濕式工法就是一般鋁門窗安裝在牆面的方式，須經過泥作填縫，隔音防水都較佳，用於開新窗、拆舊窗框後重裝。窗戶漏水大半都是因為填縫，而拆舊換新因為舊材殘留，更容易發生，因此濕式工法要注意的點較多。不論何種施工法，鋁門窗的更換最好能在同一天拆除、裝設，以避免空窗期造成安全的疑慮。且確認窗框四周防水工程無任何縫隙，避免漏水。

O5 看懂報價單

項目	計價方式	備註欄
氣密窗搭配 5mm 厚玻璃	約 NT.250～350／才， 分成一、二、三代	
隔音窗搭配 5mm+5mm 厚雙層膠合玻璃	約 NT.500～600／才	訂作，面積越大單位價格越低
出車費	NT.3500，另加每小時 NT.1500～1600	窗框太大或太重而沒有電梯，就得叫吊車
泥作	NT.3000／人／天	一次大約可以填四樘，加上約 NT.1,000 的水泥砂

說明：
1. 窗戶本身的報價都是連工帶料，不一定包含泥作，要問清楚。
2. 做工瑣碎，分開報價怕屋主拿掉不該拿的，也因為很多難以定價所以會高估，因此有時分開報看起來反而較貴。
3. 舊窗戶清運，因為有鋁框，因此是可以賣錢的，一公斤大約可賣 NT.30～40 元。

?? 裝修迷思 Q&A

Q. 鋁門窗中的玻璃材質應如何挑選才能達到堅固防盜的功能？

A. 膠合玻璃要比強化或平板來得好，但最好還是選擇平板玻璃膠合聚碳酸脂板材的產品，則防盜系數最高。此外，選擇橫拉式及推開的窗型，防盜效能較高萬一火災逃生也可內部開啟。

裝修名詞小百科

鋼鋁門窗： 指同一組窗戶中使用了兩種不同材質，一種是不鏽鋼，另一種是鋁合金。例如鋁合金外窗＋不鏽鋼內格、鋁合金外窗＋鋁合金內格、鋁合金外窗＋複層式玻璃，可看需求設計適合的窗型。

老鳥屋主經驗談 —— 李媽媽

雨棚沒有做很深，碰到風雨一大就可能直接淋到窗戶，因此鋁門窗安裝時我們的防水做得很仔細，師傅在填灌窗框縫隙的水泥砂漿中摻了防水劑，並且一定灌飽，全部都做了彈性水泥防水粉刷；外牆比窗框厚不少，為預防積水，窗框下面也有做洩水坡。

地板工程

照著做一定會 | 地板工程

地面整平 → 鋪防潮布 → 鋪底板 → 鋪面板 → 上膠 →
打釘

（左）地板的鋪設方式各有不同，重點是要能百分百的與地面貼合，在踢腳板上更要注意黏合。圖片提供＿朵卡空間設計

（右）原有地磚上鋪上木地板不僅省了拆除的麻煩，也能省下不少施工成本，但要注意使用的地板厚度，避免造成地面不平的狀況。 圖片提供＿朵卡空間設計

O1 地板材質的挑選

地板材質種類包含了大理石、磁磚、人造石、木地板等，其中又以自然、溫馨的木地板最受居家空間歡迎，不只室內空間適用，戶外區域及陽台也常見使用木地板材質，木地板工程完成後，後續若還有其他工程需要進行，應做好保護防護措施；在搬移、搬運傢具時，則務必抬起傢具移動位置，千萬不能直接拖拉以免傷及地板。

O2 地磚若施工不良易有膨脹破裂的問題

地磚膨脹大部分是因為施工上的關係，或者是選用的磁磚品質不良，例如選了燒製溫度較低的拋光石英磚，或是在施工過程中，沒有將地面做好整地的工作，結果地表面的灰塵導致水泥砂漿與地面的結合度降低，抓合力不足就有可能產生膨脹，另外，拋光石英磚底下水泥砂的比例，水泥過多或過少都會讓砂漿層風化起沙、過硬，如果再遇上熱脹冷縮或是地震，就有可能造成膨脹破裂。

O3 地板更換翻新的重點

更換地板是舊屋翻新裝潢工程中常見的項目，尤其是「廚房地磚」的更換，或是原有架高木地板的拆除，想省錢也可避開拆地板，在原有地磚鋪上木地板。但若是要局部更換地磚，除了考慮磁磚的色差，還要注意材料厚度，確保完工不會出現惱人的小段差。

04 鋪設塑膠地磚首重「整地」

整地是鋪設地板最重要的步驟，這個準備工作決定塑膠地磚呈現的美感。若原始地坪為水泥地，須等完全乾後才能施工；如果是磁磚地板，可以用批土將地板接縫處補土抹平，或者直接鋪防潮墊達到防潮及平坦地的作用。鋪設前要先確定鋪設方式，像是交丁拼法、人字拼法等；鋪設時先找出施工空間的中心十字線，第一片對準中心點沿基準線逐一鋪設，塗布上膠應力求均勻，並在每片地磚四周輕壓，讓每片地板與地面完全貼合。

05 看懂報價單

項目	數量	單位	單價	金額	備註欄
超耐磨木地板	22	坪	NT.3800	NT.83600	選樣補差價
塑膠踢腳板	145	尺	NT.40	NT.5800	

註：以上價位僅供參考

?? 裝修迷思 Q&A

Q. 為什麼水泥地坪完工後總是出現難以預期的紋路？

A. 從初凝到終凝的水泥水化過程，能決定水泥成形成敗。泥作施工的黃金時間都在水泥「初凝」階段，約在水泥加水後 3～5 小時左右，這時攪拌、鋪整都不會損傷混凝土品質，「終凝」階段水泥開始產生強度，這時有任何擾動或振動，就會產生龜裂無法復原。

Q. 若想把原本的地磚地板全面換新磚，需要拆除原有的地磚嗎？

A. 舊有地磚面臨更換大理石或其它磁磚材質時，就必須將磁磚拆除，通常為了避免底層附著力差，影響未來新鋪設的地板，一般還是會建議以見底的方式拆除。

裝修名詞小百科

塑合木地板： 為塑料（聚乙烯 PE 及聚丙烯 PP）與木粉混合擠出成型。由於經過高溫高壓充分混合及擠壓，使塑料充分將木粉包覆，成型之後材質的穩定度比實木高，防潮耐朽，多用於居家陽台、公園綠地、風景區及戶外休憩區等場所。

南方松： 全名為「美國南方松防腐材」，指的是由生長在美國馬里蘭州至德州之間廣大地區的松樹種群所產出之實木建材，通常作為戶外地板使用。

老鳥屋主經驗談 ── Janice

家裡木地板走起來就是有聲音，詢問了師傅才知道，因為底板與面板沒有密合，踩踏時木板受力彎曲就易形成聲響，因此拆除舊地板的時候，一定要將原有底板一起拆除，再鋪設新的木地板，日後才不會發出聲響，千萬不要因為省錢而不拆底板。

設備工程計劃

空間裡的設備，決定使用者的舒適度，空調調節了室內溫度，廚具設備則便利了烹飪，衛浴更是每天洗滌一身疲累的空間。妥善規劃好設備工程，其實也是為了生活舒適度。

重點 *Check List！*

☑ *O1* 空調工程

隨著各式功能設備逐漸在家庭中普及，居家生活中的空氣品質也可以獲得全面優質控管，無論是舒適的溫度、清新氣息或乾爽氛圍，透過萬全設備計劃下，更進一步改善居家空氣品質，讓生活更健康美好。　　　→詳見 P182

☑ *O2* 廚具工程

廚房地位的提升，已不再侷限僅是料理，亦是家人情感的維繫，孩子圍繞在媽媽身邊一起烤餅乾、揉麵團，老公也願意主動下廚，想要擁有如此美好幸福的生活畫面，更應該妥善規劃好廚房空間，從形式、動線、家電設備全面性思考，料理變得更愉快！　　　→詳見 P185

☑ *O3* 衛浴工程

衛浴設備雖然已走向設計感、精緻化的造型，然而仍須回歸基本的實用性，材質、功能也是必須考量的重點。空間本身條件，會決定使用的尺寸和材質，尤其空間愈小，限制愈多，各個設備的尺寸更要慎重考慮。　　　→詳見 P188

職人應援團

職人一 朵卡空間設計 邱柏洲

採購建材、設備要注意進貨時間

一種是請設計師或工頭代購，另一種是屋主自行採購，但無論是哪一種方式，在施工流程中最好跟工頭或設計師確認採購的建材或設備進場時間比較好，否則因時間無法配合而導致延遲施工進度，屋主可能得面臨自行吸收損失。

職人二 原木工坊 李佳鈺

廚房照明設計很重要

很多人會忽視廚房的照明問題，其實在廚房的照明更重要，最好在流理台及水槽上方安裝光源，才能看清楚食材色澤是否新鮮，同時燈光設計應以能辦識蔬菜水果原色的燈具為佳，這不單能使菜餚發揮吸引食慾的色彩，也有助於洗滌時的清潔。

在廚房與公共區域的地坪作出材質區分做界定，並運用玻璃隔間拉門，可依需求將空間區隔，也解決油煙問題。

圖片提供 _ 原木工坊

空調工程

> 配置冷媒管和排水管→木作包覆→裝置冷氣背板→安裝冷氣，連接管線→進行測試

（左）冷氣工程中的排水管線很重要，要配置得當，不然未來容易出現排水問題。
圖片提供 _ 朵卡空間設計

（右）冷氣裝設後，要當場測試運轉的狀況，包括冷氣排水有無正常。
圖片提供 _ 朵卡空間設計

O1 依房屋條件決定空調型式

Point ▬ 壁掛式

分為分離式與多聯式二種，簡單來說，分離式就是一對一（即一台室外壓縮機對一台室內機），而多聯式是一對多（一台室外壓縮機對多台室內機），目前多聯式空調最多可到一對九。

Point ▬ 吊隱式

通常風管均可埋藏在天花板內，但吊隱式空調更是連機體都可一起隱藏在天花板，讓冷氣有如隱形。對於重視空間美觀者最適合，但其缺點在於不易自行清潔保養，萬一管線漏水可能面臨破壞天花板的問題。

O2 從坪數和周邊環境決定冷氣噸數

購買冷氣前要先了解使用空間的坪數，依此推算，可先替各房間或區域算出基本的空調噸數。而住處本身的環境條件，也會影響空調噸數的選擇，例如頂樓、西曬、東照等立地條件對室內溫度影響頗大，需要的噸數也要跟著調整。

O3 從功能需求來挑選冷氣

在電費高漲年代，強調省電的變頻機種日益受到歡迎，變頻指的是能將室溫控制在正負溫差約 0.5 度上下，藉此維持恆溫而達到更省電的效果。此外，也可由機體上標示的節能標章及能源效率（EER 值）標示來選擇省電產品。

O4 靜音功能不破壞生活品質

冷氣機產生噪音的主要來源為壓縮機與風扇的運轉，或因機體內部鋼管碰撞、出風滾軸的設計及冷媒流動等。由於壓縮機技術的大幅進步，再加上廠商各自鑽研改進噪音技術，目前冷氣大多能有效控制噪音值在 40 分貝以下，最低甚至只有 19 分貝，已如圖書館一般安靜。

O5 看懂報價單

項目	品名規格	單位	數量	單價	金額	備註欄
壹	日立變頻單冷分離式：1 對 1-R410	組	1	NT. 54000	NT. 54000	客、餐廳
	RAC-63JS / RAS-63JS:6300Kcal					
貳	東元壁掛分離式冷氣：1 對 1-R22	組	1	NT. 14000	NT. 14000	房間（定頻式）
	PA0251BDC/ PB0250BDC:2500kcal					
小計					NT. 68000	未稅
參	配管及設備安裝工程：			單價		
1	被覆銅管及控制線配置工料：2 X 5	條	1	NT. 4500	NT. 4500	
2	被覆銅管及控制線配置工料：2 X 3	條	1	NT. 2500	NT. 2500	
3	排水管配置工料	台	2	0	0	水電已預留
4	室內機安裝工料：壁掛式	台	2	NT. 1300	NT. 2600	
5	室外主機定位管線連接：含安裝架	台	2	NT. 2200	NT. 4400	
6	系統處理及試車調整：含冷媒填充	組	2	NT. 400	NT. 800	
7	電源配置工料：電箱至主機	組	2	0	0	水電已預留
小計					NT. 14800	
合計					NT. 82800	未稅

說明：排水管及電源一般都是由裝修期間內的水電工班拉管牽線，但如果是裝修結束後才安裝或更換冷氣，則可以請冷氣廠商的水電工班施工，但需要另行支付費用。

註：以上價位僅供參考

Q. 加裝吊扇可讓室內均冷嗎？

A. 一般來說，吊扇能增加空氣對流，加速冷房效果。但不規則空間較難，因為氣流不會轉彎，所以最好在轉彎處所分出的兩個區塊中，各裝設一台空調，也可以在轉彎處放電風扇，幫助氣流循環。

Q. 冷氣機電壓有分 110V 和 220V，二種有何差異？

A. 台灣住宅的電力配置多以 110V 和 220V 電壓為主，工業或商業用電則有 380V。以冷氣來說，除非老舊房子沒有 220V，必須購買 110V 的冷氣，否則建議購買 220V 的冷氣機種，用電安培數較小，相對較為省電。

EER 值： 能源效率比 EER（Energy Efficiency Ratio）值，是以冷房能力除以耗電功率 W。也就是說，冷氣機以定額運轉時 1w 電力 1 小時所能產生的熱量（kW），EER 值是代表冷氣效率的重要指標，此值愈高愈省電。

能源效率分級標示制度： 經濟部自 99 年 7 月 1 日起實施冷氣與冰箱之能源效率分級標示制度，依 EER 值的高低將電器分為 1 級藍色、2 級綠色、3 級黃色、4 級橘色，以及 5 級紅色，最高第 1 級為最節能，依此類推。消費者可依標章辨識產品能源效率，以便購買省電綠色產品。

老鳥屋主經驗談 —— Nicole

冷氣工程的報價分為兩大部分：「機體」和「安裝費」除了尋找專業冷氣空調公司或水電行購機安裝一次搞定，大部分工班會希望機器能向他們買，以調整工資和銷售利潤的比例，但當然也可以自行購機，另找安裝。

冷氣型號很長，貨比三家時一定要型號完全相同比起來才有意義。大賣場或 3C 賣場由於競爭激烈因此促銷活動多，容易出現較低的機器單價，但這些賣場的安裝 都是外包工班，品質很難判定，因此委託給自己信賴的師傅也是讓人較為安心的選擇。

PART **2**

廚具工程

現場丈量 → 和廠商確認門板色澤、檯面顏色、高度和建材等細節 → 廠商出初步設計圖 → 最後確認設計圖 → 現場裝設

廚房的設備因為大多交給系統櫃，或廚具公司本身配合系統櫃廠商，因此檯面高度或配件，幾乎可量身定製。
圖片提供 _ 朵卡空間設計

抽風煙機，要依照自身烹飪習慣為挑選參考。
圖片提供 _ 朵卡空間設計

O1 檢視烹調習慣

如果幾乎都是外食或僅需做簡單加熱動作，料理檯面需求不大，可將空間留給常使用的電器。若是高使用頻率的人，因需在短時間內需應付大量食物的進出，建議最好將準備檯面、水槽尺寸加大、加寬與加深，可增加整體食材的容納量，加快工作處理模式。

O2 坪數大小會影響廚具類型

比如簡單的「一字型廚具」，長度以 2 公尺為佳，坪數需求約 2 坪左右，而「L 型廚具」的兩邊檯面各需 1.5 公尺以上，廚房坪數需求約 3 坪左右。「U 型廚具」因配備較多、機體尺寸也會擴充，所需的廚房坪數約為 4 坪左右。

一字形廚具吊櫃搭配下櫃分區收納。攝影 _ 沈仲達

O3 收納容量要充足

規劃收納前先將廚房用得到的電器都列出來，包括常使用的道具配件，才能估算精準尺寸及擺放位置。此外，經常在家吃飯的人口數，也會決定對食物的需求，由此來規劃冰箱大小及冷凍、冷藏室的份量，或儲存零食、香菇等乾貨的空間。

O4 事半功倍的材質與五金

不鏽鋼材質耐重性佳、防水防潮與加工容易，加上一體成形的技術，能讓廚具完全無接縫，清潔上也較無死角。此外，無把手的門片、龍頭開關與可伸縮的管線功能，都能讓廚具在使用上，安全方面獲得最佳保障。

無論是利用下翻桌面或上掀桌板，藉由牆面與五金設計就可輕易架起一張好用的桌面。

O5 看懂報價單

項目	名稱	規格	數量	單價	金額	備註欄
廚具	不鏽鋼台面桶身	5 面結晶鋼烤門板	315cm	NT.120	NT.37800	嵌鋁手把
廚具	雙白金木蕊板吊櫃	5 面結晶鋼烤門板	315cm	NT.55	NT.17325	嵌鋁手把
五金	Bluma 門板鉸鏈		12 組	NT.200	NT.2400	
	電器活抽盤		3 件	NT.800	NT.2400	
	歐式多功能水槽	外徑 8cm	1 件	NT.4300	NT.4300	
	Blum 鋁抽	玻璃側櫃	2 件	NT.2700	NT.5400	
	不鏽鋼側拉籃		1 件	NT.2000	NT.2000	
	木抽		3 件	NT.900	NT.2700	
其他	台製拐杖兩用龍頭		1 件	NT.2800	NT.2800	
三機	櫻花深罩式除油排風煙機	R-3680SXL	1 件	NT.8500	NT.8500	
	林內蓮花檯面爐	RB-27F	1 件	NT.8500	NT.8500	
總計					NT.94215	

說明：

1. 廚房需要有圖面來溝通：廚房工程，強烈建議要有圖面，因為牽涉到水電、排油煙機等的佈線，有圖面各工班才有所依據。況且電位還容易移，但水位、泥作都很難反悔，重做又傷財。

2. 瓦斯爐通常安裝在廚房角落：有些人為爭取空間會直接貼著牆壁安裝，反而導致空間不足放不下炒鍋，因此一般安裝瓦斯爐，面板邊和牆面至少要留 7～10 公分的距離，當然也可拿家裡最大的鍋子計算，測試大概需保留多少空間。

註：以上價位僅供參考

開放式廚房增設中島吧檯，讓採光視野不受拘束，又增加收納空間，一方面也延伸吧檯創造高櫃、電器櫃，與爐灶相對應的動線更為流暢便利。圖片提供 _ 亞維設計

發包
體檢
預算
設計圖
空間配置
建材
收納
隔間
照明
配色
法規
工班
報價單
裝修時程
合約
基礎工程
設備工程
裝飾工程
軟裝搭選
驗收
入住

?? 裝修迷思 Q&A

Q. 中島廚具好漂亮，裝修時改裝這樣才時髦？

A. 不論廚房的樣貌如何進化，最終的功能還是烹調。裝修前一定要將自己的烹調習慣及生活需求確認清楚，如果喜歡大火快炒，排煙設備一定要加強，也不建議裝設在中島區，最好還能裝個拉門，以免讓油煙影響居住品質。

Q. 外觀類似的廚具，價差好大，為什麼會這樣？

A. 廚具包含的部份有桶身、檯面、水槽跟五金多種元素。外觀看來類似的廚具，在細節上卻可能有很大的不同，特別是五金的耐用度跟順滑度上，常常需要等實際使用後才能比較出差異，建議多跑幾家門市實地感受比較。

📖 裝修名詞小百科

居家核心區：指的是你在家中最常活動以及待得最久的區塊。

U 型廚具：是 L 型廚具的延伸，也就是 L 型廚具再加上另一個檯面，或者是增加一個牆面的高櫃。簡單來說，就是三個檯面或二個檯面加上一個高櫃。

爐具：指瓦斯爐或電熱爐這類外露式、可直接加熱烹調的器具。

😊 老鳥屋主經驗談 —— Vicky

我家是沿用建商配置的雙邊型廚具，最大的問題就是地面的清潔很難維持。因為從冰箱拿取食材清洗開始，食材的準備與開始煮食的連續動作被切斷，滴滴答答的水容易濕了一地，如果可以換成一字型，或是多個中島櫃，比雙邊型更好使用。

衛浴工程

照著做一定會 | 衛浴工程

現場丈量 → 確認設備和空間尺寸 → 拆除 →
鋪設泥作（包括浴缸）和水電 → 裝設馬桶和衛浴配件

（左）衛浴可以分成全拆除或局部拆除。通常會拆掉舊有浴缸，改成乾濕分離或裝新浴缸。
圖片提供 _ 朵卡空間設計

（右）衛浴設備的防水工程通常會做到至少 100 公分高，馬桶、洗手台和浴缸的間距最好不要太遠，使用才便利。
圖片提供 _ 朵卡空間設計

O1 掌握花灑材質特色

材質	特性
黃銅鍍鉻	黃銅製的花灑使用年限長、耐撞擊外，單價比較高。
塑膠鍍鉻	塑膠製的較耐用，但一般人會有因不耐熱而散發有毒物質的疑慮。基本上平常衛浴時的溫度，並不會高於四十二度，因此塑膠類花灑仍可安心使用。
不鏽鋼	不鏽鋼材質因無法做出造型上的變化，因此較少見。

O2 石材面盆硬度高

Point ➤ 石材和玻璃所製的面盆大都是搭配整體環境

大理石由於紋路天然細緻、硬度高，但因天然石材有毛細孔，容易藏污納垢，而且笨重不易搬動，因此在特殊公共場合較常使用。面盆又分為「上嵌」或「下嵌式」，兩種安裝的檯面都要注意防水收邊的處理工作；獨立式的面盆則要注意安裝的標準程序。

O3 馬桶選擇原則

Point ▶ 與水箱的設計搭配

設計	特性
單體式	馬桶與水箱為一體成型的設計，多為虹吸式馬桶，特點為靜音且沖水力強，但注意水壓不足的地方如頂樓不適合安裝。
二件式馬桶和水箱分離	利用管路將水箱與桶座主體串聯，造型較呆板，優點為沖洗力強，缺點則為噪音大。
壁掛式	將水箱隱藏於壁面內，外觀只看到馬桶。安裝時利用鋼鐵與嵌入牆面的水箱連結，優點為節省空間，缺點則為安裝手續麻煩，需事先規劃。

Point ▶ 馬桶分洗落式及虹吸式兩類

洗落式耗水量少，管道粗短不易阻塞，但噪音大且表面易附著髒污；虹吸式耗水量較多，管道蜿蜒易堵塞，但防臭且表面較好維護。選擇原則為：屋齡較高或糞管埋在樓板裡，或是管道曾改位置者，選用洗落式；否則可選虹吸式。再根據預算及偏好選擇選擇噴射、渦捲、龍捲式等沖水種類。

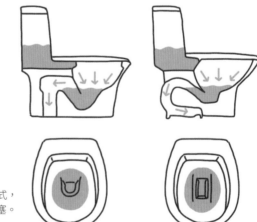

（左）洗落式，（右）虹吸式，
選購正確馬桶才不容易產生阻塞。

O4 浴缸施工原則

Point ▶ 浴缸注意載重力要足夠，底面支撐要確實

一般分鋼板陶瓷浴缸、FRP 浴缸（玻璃纖維製作）、壓克力式浴缸（背面為 FRP 噴塗增加韌性，具有壓克力光澤，保溫特性也較好），以及木桶、水泥製造等種類，其中泥作浴缸在空間、收邊的允許下比較容易量身訂作，但注意防水性要好；而按摩浴缸是利用水、氣體達到循環的特性，製造出水循環的效果，但價格不菲，所需的空間也不一樣，選購時要考慮預算及衛浴空間是否足夠。

O5 水龍頭施工原則

Point ▶ 洗臉盆的止水拉桿最好採金屬式，比較耐用

水龍頭可以控制水的流出及停止，主要原料由銅或鋅合金做成，也有加入陶瓷原料的水龍頭，加強抗氧化功能。一般衛浴用的分為洗臉盆用、淋浴用、浴缸用及淋浴柱用，有的是冷、熱分離，有的是冷熱混合式，冷、熱水混和後才出水的，可以控制用水溫度；安裝時要注意冷熱水的區別，以及接頭固定方式，如有接管，無論是金屬或纖維材質，要確實緊密結合。

O6 抽風設備施工原則

Point ▶ 出風口、止風板位置要確定

用抽風設備從基礎的風扇，到三合一抽風機、多功能式乾燥機、多功能照明設備＋抽風暖風，單價從千元到十多萬元都有；安裝前務必檢視浴室環境，有些機器本身高度將近 50 公分，但天花板只有 30 公分，就無法安裝；出風口要接在外面，管道間要好做密閉處理，否則一氧化碳容易滲進室內並造成中毒的危險、止風板的位置要確實就位，不可輕易拆除。

浴室坪數在 1～2 坪左右，建議使用 110V、熱功能率 1150W 左右的暖風機

O7 衛浴五金施工原則

Point ▶ 配件的位置要使用方便，也要注意「動線」

用浴鏡要確認是否有除溼功能，控制方式是否靈敏，安裝時檢查掛架是否足夠支撐鏡子的重量；鏡檯無論塑膠或玻璃材質，要注意是否有毛邊、荷重力是否足夠；毛巾架注意結合點是否有毛邊，以免割傷，若是電鍍處理，要注意是否泛黃或表面處理不均勻，易退色或剝落。

O8 看懂報價單

項目	數量	單價	安裝費	運費	金額	備註欄
馬桶	1	NT.10300	NT.1500	0	NT.11800	TOTO CW864
面盆	1	NT.8500	0	0	NT.8500	Keramag
水龍頭洗手台	1	NT.1920	NT.600	0	NT.2520	BOSS D90288
鏡櫃	1	NT.11800	0	0	NT.11800	
櫃面空間板	1	NT.1800	0	0	NT.1800	
毛巾架	1	NT.605	0	0	NT.605	
清潔用品放置架	1	NT.1089	0	0	NT.1089	
衣服掛鉤	1	NT.720	0	NT.80	NT.800	

註：以上價位僅供參考

項目	數量	單價	安裝費	運費	金額	備註欄
乾濕 分離拉門	1	NT.21500	0	0	NT.21500	人造石門檻＋ 玻璃拉門／ 連工帶料
水龍頭 淋浴間	1	NT.1760	NT.600	0	NT.2360	BOSS D80255
總計					NT.62774	

說明：

1. 衛浴若包含拆除、泥作和木工者，由該工序的工班報價施工。但要跟師傅確認報價單內的衛浴設備的細項品牌和材質，以免報價雖然低廉，但提供的產品都是廉價品。

2. 大件衛浴設備通常另計水電師傅安裝費用，而小件五金可自己買並請師傅幫忙安裝。

?? 裝修迷思 Q&A

Q. 省水馬桶沖得乾淨嗎？

A. 一般家中最常使用水箱式馬桶，而其中又以重力沖水式和助壓式最為普遍。重力沖水式雖然價格便宜，但沖刷力卻遠不如助壓式，可能需要多沖幾次，而利用加壓空氣增加水的沖力之助壓式，則可避免這個問題。

Q. 我家住在頂樓，水壓平時就有不足，適合安裝淋浴柱嗎？

A. 裝淋浴柱的水壓至少要 2 公斤以上，若水壓不夠，可以加裝抽水馬達增加水壓。購買淋浴柱時，一定要先詢問此款淋浴柱所需水壓量。如果擔心水壓不足，建議購買所需水壓量較小的產品，以免購買安裝後，無法使用。

裝修名詞小百科

熱水器：普遍分為瓦斯型及電熱水器，電熱水器又區分屬於個人專用的瞬間熱水器即熱型，以及全家用的大型儲水式熱水器；此外還有熱泵、太陽能、鍋爐等；選購前應該考慮使用人員的數量、使用習慣（泡澡多或沖澡多），配置時要考慮水的壓力夠不夠，事先做好評估避免拉水問題。

管徑：指的是馬桶中心與壁面的距離，一般大約是 17 ～ 30 公分之間。

壁掛式馬桶：將水箱隱藏在牆面內，有別於傳統的落地式馬桶，更能清潔四周常見的衛生死角。

老鳥屋主經驗談 —— 佳琪

我很重視衛浴空間，因為每天工作已經很辛苦，當然回家後需要一個可以放鬆身心靈的場所，所以衛浴裡除了有浴缸，乾溼分離式設計，地磚和壁面也選擇了美麗的磁磚。不過，空間除了美麗是必要的，更重要的是「好用」，所以在設備挑選和工程上，都和設計師做足了溝通。

發包
體檢
預算
設計圖
空間配置
建材
收納
隔間
照明
配色
法規
工班
報價單
裝修時程
合約
基礎工程
設備工程
裝飾工程
軟裝搭配
驗收
入住

裝飾工程計劃

裝修最難的永遠不是佈置居家空間，而是前期的工程，既繁瑣又不能不留意，因為一切等塵埃落定，當居住後發生問題，維修或更換的困難度，絕對比換張沙發還麻煩。因此對每一項工程如果能夠有初步了解，可以輔助對工程進度的掌握。

重點 *Check List！*

☑ **O1 玻璃工程**

玻璃是空間內不可缺少的建材，現在市面上可供選擇的玻璃種類不少，應該依據空間調性決定使用類型。 →詳見 P194

☑ **O2 木作工程**

普遍來說，裝修都會有木作工程，只是多寡而已。木作可以修飾空間格局，也能量身訂製。 →詳見 P197

☑ **O3 油漆＆壁紙工程**

裝飾空間除了裝修，油漆和壁紙也會影響視覺呈現，空間的用色應該依循著屋主喜好而決定。 →詳見 P200

☑ **O4 窗簾工程**

窗簾不只具有遮光效果，同時能隔熱，尤其窗簾的質地愈不透光，愈能阻擋光源的熱度。 →詳見 P204

☑ **O5 清潔工程**

經歷了煙霧瀰漫的裝修期間後，空間各處累積了許多細雜的粉屑以及髒污，交給專業人士清理，省力又省時。 →詳見 P207

職人應援團

職人一 亞維設計 簡瑋琪

交給專業人士清潔安心又省力

會建議房子裝修完後，還是交給專業的清潔公司打掃比較好，主要是人力以及設備，都一定比屋主自己動手清理來得快速和方便。

職人二 朵卡空間設計 邱柏洲

油漆的手法，可以讓空間更具層次

跳色比例拿捏最為重要，即便空間主色鮮明，透過軟裝配件製造色彩反差，便能在平衡中創造反差。

透過咖啡桌組，為整個北歐無印風的空間，增添一抹稍微濃厚的柚木色調，且與房門顏色相近，相互呼應。
圖片提供 _ 朵卡空間設計

玻璃工程

👌 照著做一定會 | 玻璃工程

確定厚度 → 固定木作物的水平垂直 → 置玻璃 →
收邊固定 → 擦拭

要維持通透感,可以選擇清透玻璃,如果想兼顧隔熱,那麼可以
加貼隔熱紙。
　　　　　　　　　　　圖片提供 _ 朵卡空間設計

現在流行乾濕分離,玻璃材質是常用
的建材選項,因為衛浴濕氣重,結合
玻璃的五金配件要慎選。
圖片提供 _ 朵卡空間設計

O1 常用的隔熱玻璃有兩種

主要有「複層玻璃」和「LOW-E」玻璃兩種。以台灣北部的天氣而言,建議使用複層玻
璃,冬季時,複層玻璃室內面較不容易結露,且具有保溫功能,不僅能維 持室內空調
溫度,也能在節能減碳上出一份心力。

若為西曬、頂樓,或南部住宅,建議使用 Low-E(Low-emissivity glass)玻璃,能有
效阻擋熱能與紫外線。

O2 玻璃是隔音抗熱的關鍵

鋁門窗在隔音抗熱上很難和混凝土或磚牆面比,窗越大就越熱越吵,偏偏現在注重通風
採光,許多建商趨向在牆面上開大窗,因此玻璃的使用是否舒適是個關鍵。家用玻璃主
要分「清玻璃」和「強化玻璃」,現在鋁門窗玻璃為了安全,幾乎都是使用強化玻璃。

O3 選用複層玻璃必須考慮廠商的口碑及保固

經過隔熱抗曬處理的單層玻璃，再製成複層
玻璃，隔熱效果相當優異，但隔音上就不如
膠合玻璃。複層玻璃的尺寸算法是兩片單層
玻璃的厚度加上中間的距離，因此通常都較
厚，必須考量鋁框厚度。例如 5mm+6mm
（中間空間）+5mm 的玻璃厚度達 16mm，
用有寬溝的固定窗較適合。

玻璃使用膠合玻璃與複層玻璃隔音效能比一般玻璃
更佳。　　攝影 _ 江建勳

O4 講求視覺效果的玻璃種類多

清玻璃有壓花、噴砂、波紋等選擇，若以鋁門窗來說，窗外沒有 view 又有隱私需求，
可以使用霧面不透明玻璃，節省窗簾花費。

也有所謂的隔熱玻璃，許多高樓層新建案都會裝，但隔熱玻璃通常都加上金屬反光層，
因此到了晚上室外可以直接透視室內，還會造成室內反光，可以考慮用透明玻璃加上隔
熱膜較不會有夜間反光問題。

O5 看懂報價單

項目	單位	計價方式	備註
氣密窗（DK）	才	NT.280 ～ NT.400	5mm 清玻璃
隔音窗（DK）	才	NT.400 ～ NT.500	8mm 清玻璃
隔音窗格子窗（DK）	才	NT.500 ～ NT.650	5+5mm 清玻璃
防颱活動百葉窗	才	NT.350 ～ NT.450	5+5mm 清複層強化玻璃
不銹鋼雨遮	才	NT.550 ～ NT.750	玻璃 10mm 清玻璃
衛浴鋁門	組	NT.8000 ～ NT.12000	3+3mm 白膜玻璃

說明：
1. 鋁門窗報價：居家的門窗，通常都會搭配玻璃一起估價施工。有的報價單是以一式
為單位，也就是包含玻璃的窗戶價錢（含工錢），給一個金額，也有些會以「才」為
計價單位來做報價。
2. 鐵工報價：除了門窗之外，有些鐵工項目也會包含玻璃建材在內，比如庭院的遮陽
罩雨遮或是衛浴的乾濕分離拉門，通常鐵工的報價也都會含玻璃在內。但最好還是要
跟鐵工確認玻璃的材質和厚度，以免造成後續紛爭。

註：以上價位僅供參考

體檢 發包
預算
設計圖
配置 空間
建材
收納
隔間
照明
配色
法規
工班
報價單
時程 裝修
合約
工程 基礎
工程 設備
工程 裝飾
選軟搭裝
驗收
入住
〈
1
9
5
〉

玄關旁的鞋櫃或餐廳的收納櫃，以墨鏡當作拉門，讓整體空間一致，降低視覺的雜亂，維持一室的寬闊。
圖片提供 __ 演拓空間室內設計

?? 裝修迷思 Q&A

Q. 玻璃愈厚愈好嗎？

A. 並非愈厚愈好，反而應該要依照使用區域選擇合適的玻璃，才能發揮各類玻璃的效用。比如庭院採光罩最好選用膠合玻璃，上方有重物下墜打破玻璃時，不會碎裂的太嚴重，導致傷人。

Q. 貼上隔熱膜，玻璃就能隔熱？

A. 其實玻璃的隔熱效果不會太好，即使貼上隔熱罩，也只是稍微降幅熱度罷了。如果要隔熱效果佳，最好捨棄玻璃改用木作或磚造，但採光效果就不如玻璃的清透性了。因此要依照喜好和需求，決定施工法的選擇。

裝修名詞小百科

LOW-E 玻璃： 近年和節能幾乎劃上等號 Low-E 玻璃，全名為「Low Emissivity Glass」，是一種低輻射的鍍膜玻璃，做法為透過線上鍍膜或離線鍍膜，在玻璃表面鍍上單層或多層的金屬、合金或金屬氧化物。

反射玻璃： 即使白天，外面也看不進來的反射玻璃，是將金屬或金屬化合物鍍在玻璃表面，使其產生一層或多層均勻的金屬氧化物或氮化物膜，因金屬鍍膜的厚薄不同，呈顯出不同色彩，同時也具有隔熱效能。

老鳥屋主經驗談 —— Lala

以前不知道玻璃有那麼多學問，家裡重新裝潢後才知道，玻璃有這麼多種類。除了聽取設計師建議，我自己也有做了一些功課，然後依照不同區域和不同使用功能，各別選擇了合適的類別。

PART 2

木作工程

照著做一定會 木作工程

> 現場丈量 → 和屋主溝通，確認材料和尺寸 → 木工進場
> → 施工順序為天地壁 → 最後細修及表面處理

木作因為需要現場施工，因此通常會搬工作檯進場，現在需要一定的空間擺放道具和檯面。
圖片提供 _ 朵卡空間設計

室內天花板通常以木作製成，先釘製角料，再鋪設板材。
圖片提供 _ 朵卡空間設計

O1 木作天花慎選板材，矽酸鈣板最普遍

天花板的裝修，還是以木作為主流。板材從早期的蔗渣板、三夾板及夾板，到現在最普遍的矽酸鈣板，優點是防火、防潮，不易變形且質輕。市面上常見拿來魚目混珠的氧化鎂板，雖然也防火，但並不抗濕氣且易變形，質地鬆脆多粉塵，並不適合作為天花板和輕隔間用板材。

O2 木工施作圖面要完整

工圖要有立面圖、剖面圖、平面圖、大樣圖及材料說明，施工時才能參考，避免過程中如果遇到問題，能依照圖面說明盡速處理。 材料進場時，現場一定要做好防雨措施，以免板料、角材因受潮而變形。另外也要注意現場不要跟泥作材料一同放置，避免造成污損。

O3 貼皮數量一次進足避免色差

實木貼皮加工類的板材數量，一定要算好足夠的量，避免二次進貨，以免造成紋路與色澤不同，影響到外觀。現場施工時也要注意「垂直、水平和直角」三大原則。因為木工屬於表面性裝飾，如果上述三點沒有多加注意，會導致成品不夠完善。

O4 木作要漂亮，油漆很重要

木作櫃的表面處理有貼皮或噴漆兩種，貼木皮則得上保護漆，因此油漆是決定木作外貌的最後一道工序，師傅釘得再漂亮，沒有相當品質的漆工也看不出應有質感，好的油漆工班不能省。若板材品質好，油漆補土和噴漆就不需要太厚，如果是採用實木板材，不需貼皮，只上一兩層原木油即可，保留自然質地。

O5 看懂報價單

項目	金額	備註欄
廚房天花板 11 X 8 尺	NT.8500	以上報價皆為含工帶料。
走道天花板 15 X 4 尺	NT.6000	台灣的木工報價，通常以含工帶料的方式報價，比如：客廳包冷氣管，通常會包覆在樑柱或牆邊，而木材的板材雖有大小之分，但通常是固定規格，不可能完全符合所需尺寸，所以必然會有耗損，加上固定板材的支架和腳架，這些都是花費，尤其不同空間會有不同的現場狀況，即使是一樣的長寬，會因現場狀況調整，費用多少因此影響。
客浴天花板 5.6 X 8 尺	NT.5000	
主浴天花板 5.6 X 6.5 尺	NT.4200	
小孩房包冷氣管 10 X 1.5 尺	NT.4000	
書房包冷氣管 11 X 1.5 尺	NT.4400	
客廳包冷氣管 12.5 X 1.5 尺	NT.5000	
補冷氣孔	NT.1200	
兩衣櫥門片安裝含五金（西德緩衝鉸鍊）	NT.3500	如果怕價錢上有疑慮，建議多找幾家廠商報價。但要留意的是，一定要請師傅標註板材的材質和厚度，避免有工班為了搶案，削價競爭，但給的板材和厚度卻是較便宜的材料。
總計	NT.41800	

說明：
1. 和系統櫃不同，木作和屋主接洽的師傅，雖然也會進行溝通，但手稿通常是拿鉛筆直接現場畫平面圖並標註尺寸，對空間概念不好的人來說，無法用模擬圖看到成品的樣子，因此和木作師傅溝通時，一定要完整傳達想法。
2. 木作的材料種類頗多，依據需求和規劃，挑選合適的板材進行施工。建議木作施工時，一開始可以到現場監工，確認師傅做出來的尺寸和款式符合需求。

註：以上價位僅供參考

?? 裝修迷思 Q&A

Q. 木作施工好貴，還是用系統櫃傢具比較便宜？

A. 其實不一定。因為若是知名品牌，考慮到管銷經營成本，整體費用不一定比木工便宜，不過相對較有保障。購買系統傢具要注意的是材質以及整體空間的比例、色系搭配，成本控制是否符合需求等……。

Q. 住家原本就存在白蟻問題，所以在新裝修時不適合木工裝潢？

A. 只要在開工的時候作好除蟲工作，即可進行木作工程，之後並分三階段進行。

1. 該拆除的東西拆除完畢。2. 角材板料進入現場後要噴灑藥劑。3. 油漆前記得再除蟲一次。

📖 裝修名詞小百科

企口設計： 地板的板與板間，以凹凸的結合方式，具防塵功能。

離口： 外 45 度或內 45 度，板與板之間沒有密合的情形。

丁沖： 用於木工，如釘頭未入被釘物時，以不破壞表面材間接施力的工具。

🏠 老鳥屋主經驗談 — Candy

新鋪設好的木地板因為下層是防潮層（靜音板），約有 2mm 的厚度，踩過去後空氣會跑出來，這是因為木地板正在向旁邊伸縮縫延展，所以才會有嘎嘰響的聲音，「正常來說大約 1～2 個月後聲音就會慢慢消失」。

油漆&壁紙工程

👌 照著做一定會

整牆刮除 → 處理壁癌 → 補土整平 → 清除粉屑 →
壁面上漆 → 木工上漆

（左）營造歐洲風格的裝飾性手法粉刷壁面，形塑了空間的優雅和浪漫。
圖片提供＿亞維設計

（左）油漆時為了避免汙損地板或木作，一定要鋪上保護板，做好保護措施。
圖片提供＿朵卡空間設計

O1 木工先做好，天花板無裂痕

木工釘天花板時必須在每塊矽酸鈣板之間，以及和泥作之間，預留約 4mm 的縫隙給油漆師傅填 AB 膠，並讓天花板必須保持平整，因此木作工班除了一定得用雷射抓水平之外，角材的間距也不可過大。在舊漆表面上新漆，接縫處要做適度刮除和粗糙處理，並且上膠批土，以免因漆面過厚容易剝落。

O2 保護要做好

油漆是美化工程的第一步，在泥作、木作和水電管線都搞定之後，地板、系統櫃、傢具進場之前，油漆前務必要注意保護措施。要保留的舊裝潢、舊傢具和地板、門片，或是任何不該被噴到滴到的，例如預留電源線等等。

O3 調色要在現場，不要單看色票

一定要現場調色，然後依光線與喜好調整。因為大部分人對顏色變化都比較陌生，單看色票不準確，很容易被明度高的顏色吸引，所以挑出來的顏色，對牆面來說可能明度太高。其實牆面顏色應該是明度較低的大地色系，然後搭配明度較高的傢飾、傢具，這樣才有層次也較安全。

照著做一定會 | 壁紙工程

整牆刮除 → 處理壁癌 → 補土整平 → 清除粉屑 →
壁面上漆 → 黏貼壁紙

動工前要先將不平的牆面補平。
圖片提供 _ 今硯室內裝修設計公司

將牆表面黏貼平整。
攝影 _Amily・ 施工 _ 宮乘木院設計 - 榭琳傢飾

O1 先確定居家風格，再決定花色

壁紙通常運用在空間主牆面，如客廳、臥房等，所以最好先確定居家風格，再決定選擇
壁紙的樣式和質地，視覺感受才不會突兀。經典的鄉村小碎花、花鳥蝶舞等自然元素的
圖騰，能創造溫馨氛圍，適合用在古典、鄉村風格；若想呈現現代簡潔的空間，選擇條
紋或千鳥紋都很適合。

O2 壁紙搭配物件要訣

運用壁紙搭配相關物件，如掛畫和軟件擺飾，或透過本身圖案，營造空間氛圍。不管在
哪個空間，都可以藉由壁紙來表達使用者的個性與喜好，先想好自身的需求和對空間的
期待，再去挑選喜歡的花色，塑造個性居家。

O3 選擇一牆面做主題發揮

若想要素色牆面，不論是塗料或壁紙都能做到，但若想在牆面創造圖騰，就只能利用具
有多種圖樣的壁紙和壁貼了。要注意的是，若想使用花色複雜的圖騰，建議貼覆單面牆
即可，降低使用比例避免花色過於繁雜，能清楚呈現主題，整體也不會過於雜亂。

O4 壁紙挑選重點

居家壁紙選擇，除了風格考量，也應該依照空間使用特性，挑選較為容易清潔擦拭、耐
刮磨、防水、阻燃、吸音等效果的素材，也可依照喜歡的空間氣氛、需求尺寸，搭配出
簡單素雅或華麗高貴等空間情境。

發包
體檢
預算
設計圖
空間配置
建材
收納
隔間
照明
配色
法規
工班
報價單
時程
裝修合約
基礎工程
設備工程
裝飾工程
軟裝搭配
驗收
入住

05 壁紙施工要點

項目	注意事項
1	施工單位要在壁紙圖上確認壁紙貼附位置，防止誤貼。
2	注意壁面平整度，若有裂縫要先修補，如果易潮濕或易生黴菌，要先用防霉劑處理。
3	注意各種水路、電路管線是否已經就位，天花板如需開挖燈孔，要先挖孔再貼壁紙。
4	轉角附近貼附前，確實做好黏著劑補強。
5	日照處要留伸縮縫，如轉角點在太陽照射位置或有踢腳板，要預留 1～3 公分為地面透氣縫的間隙。
6	施工完畢要求清理，且預留壁紙編號紙樣和 2～3 坪壁紙，可為事後修補用。
7	在清潔保養上，平時可以使用乾布做擦拭，帶有防潑水、防水性的款式才建議用擰乾後的溼布做簡單擦拭去除灰塵。

06 看懂報價單

項目	單位	數量	單價	金額	備註欄
天花板刷漆	M2	82	NT.320	NT.26240	批二次土
新設立天花板刷漆	M2	6	NT.390	NT.2340	含接縫處理
儲藏室天花板、牆面刷漆	M2	24	NT.190	NT.4560	不批土
主臥房衣櫃整理	座	1	NT.3500～NT.6000	NT.3500～NT.6000	含工帶料
木門扇噴漆	樘	1	NT.4500	NT.4500	油漆處理過門扇
木門扇噴漆	樘	1	NT.4500	NT.4500	全新門扇
壁紙黏貼	捲	1	NT.800～NT.1500	NT.800～NT.1500	含工帶料

說明：

1.門扇＝門框＋門片，門扇單位為「樘」。全新木門由批土等表面處理開始，因此最貴；表面有舊油漆，也必須處理才可讓新 漆蓋過而不至於脫落；木門已上底漆，工班可以直接噴漆，因此最便宜。

2. 壁紙的價錢依照進口和國產，而有區別。如果非油漆廠商推薦的材料，是自己另行購買的話，估價單則以不含材料費，算坪數和工資的方式報價，這個部分可以在裝潢時和廠商自行溝通。

註：以上價位僅供參考

（左）來自歐洲經典的壁紙圖騰適合古典風與現代風居家，展現居家典雅風情。
攝影 _Yvonne

（右）一面主牆採用大型圖騰即可，其他牆面貼上小碎花或條紋壁紙，就可突顯視覺焦點。 攝影 _Amily

?? 裝修迷思 Q&A

Q. 家裡牆壁有壁癌，是否可以直接貼壁紙或木皮？

A. 由於壁紙和木皮怕潮，因此不可施作於有水氣或潮濕的地方。在貼上牆面之前，一定要先處理好牆壁漏水和壁癌等問題，才不會因滲水導致壁紙損壞。另外，貼壁紙時最重視壁面平整度。所以要事先處理牆面的凹洞、裂縫，才能延長壁紙壽命。

Q. 烤漆不能現場施工嗎？

A. 烤漆顧名思義就是加了道火烤的手續，讓漆面看起來如鏡面般光滑。不論鋼琴烤漆或汽車烤漆，都不是工班到家就地噴噴就好，而是一定要將物品送到工廠無塵室內施作，再送回屋主處打蠟，沒辦法現場施作。

📖 裝修名詞小百科

仿飾漆：仿飾漆來自歐洲，是為了取代高價的石材、皮革等牆壁裝飾的面材而發展出來，主要是用油漆在視覺上「仿」出石材、皮革等材料質感，發展到今天已經成為一種技藝和藝術。加上歐美人習慣 DIY，仿飾漆剛好可以發揮創意，如今市場上除了有各種材質的塗料、工具，工法也相當多樣。

珪藻土：從日本引進的珪藻土，具有附著懸浮顆粒、調節濕度的功能，近年成為很受矚目的建材。珪藻土通常用在壁面上，尤其是天花板，因為氣味往上飄，珪藻土可以吸附異味；若是用在牆面，有濾塵和吸濕效果，但必須有相當的面積才感覺得到成效。

😊 老鳥屋主經驗談 —— Jerry

我們家的壁面主要是油漆，而且每個房間的顏色都不一樣，我們夫妻和小朋友的房間都是依據喜好選擇顏色，客廳則有一面主牆黏貼了具熱帶風情的壁紙花樣，創造空間視覺美感。

照著做一定會 窗簾工程

> 先讓木作包覆冷氣管線 → 丈量窗戶尺寸 → 挑選布料 →
> 鎖定左右兩側支架 → 安裝窗簾

（左）一般來說，都會建議窗簾盡量不要落地，離地面至少 1～2 公分的距離，比較不容易沾污。
圖片提供_朵卡空間設計

（右）施工前一定要先找師傅來現場丈量，並挑選花色和材質，並確認窗簾的尺寸跟長度。
圖片提供_朵卡空間設計

O1 現場光線下選料

若非自行買現成窗簾，窗簾發包一定要要求廠商親自上門服務丈量尺寸，帶來樣本並告知單價，以方便估價預算，若能用現場光線、顏色進行布料搭配，看到實際效果，比較能夠想像裝好的樣子。

O2 窗簾種類多，要慎選

窗簾布料的貨品來源可分為進口和國產兩種。進口布料以西班牙、法國、德國、美國等歐美國家和近鄰韓國、日本為主。雖然進口布的懸垂性、色澤光澤感和色彩輕重，都較國產布為佳，但價格卻差很大。
購買窗簾布時要注意是否存在著異味，如果產品散發刺鼻異味，可能有甲醛殘留，最好不要購買。

O3 由需求判斷要什麼窗簾

挑選窗簾多是在居家改造後段，新屋尚未入住，無法掌握對於窗簾功能上的需求，例如景觀、西曬、噪音、隱私等，建議觀察光影在室內一天的變化，再做判斷。用「用風格來完成功能」，如果沒有弄清楚裝窗簾是為了什麼，只專注在挑布料花色，就本末倒置了。

04 安裝小訣竅，預留軌道空間

木工師傅進行包樑、釘天花板等作業時，記得預留安裝窗簾的空間，因為以工地現場來說，窗簾進場是在後期。

直立對開簾一軌需 12cm，雙軌需 18cm；橫簾（羅馬簾、捲簾、百葉窗）則需要 12cm，若在木作進場時還是不知道窗簾要做多寬時建議先不要留窗簾盒，因為現在的窗簾頭和軌道都不太醜，露出也無所謂。

05 看懂報價單

項目	規格	單位	數量	單價	金額	備註欄
（客廳）雪花紗	（無接縫）	碼	15.4	NT.420	NT.6468	2 窗
車工		幅	16	NT.100	NT.1600	
軌道		尺	19	NT.80	NT.1520	
（臥房）布	（透光）	碼	28.5	NT.320	NT.9120	2 窗
雪花紗	（無接縫）	碼	17.4	NT.420	NT.7308	
車工		幅	26.0	NT.100	NT.2600	
軌道	（單軌）	尺	21	NT.80	NT.1680	
（後陽台門）捲簾		才	24	NT.90	NT.2160	
（更衣間）白色木片百葉	（25mm）	才	14	NT.100	NT.1400	
總計	NT.33996					

說明：

1. 窗簾一般計算尺寸的單位是「台尺」，因此，要先將窗戶尺寸換算成台尺。

2. 布料以「碼」計價：一捆的寬度固定，通常是 90cm（3 尺）～ 150cm（5 尺），而現在也有無接縫布的布幅長達 300cm（10 尺）。依據需求剪裁所需長度，一般是以「碼（3 尺）」計價，剪下一塊稱為一「幅」布，因此一幅布的面積就是布寬 X 長度（碼）。

3. 需要多少布？

a. 先算出布幅數：窗簾布的接法是橫向一幅幅的接過去，窗戶的寬度決定需要幾幅布：窗戶寬（尺）÷ 布寬（尺）= 幾幅布（無條件進位因為布只可買整幅）。如果是傳統左右對開簾，因為打摺，所以需要 2 ～ 2.5 倍的布寬（依布料不同略有差異）。

因此，窗戶寬（尺）X 2÷ 布寬（尺）= 幾幅布。

b. 再算出用布量：[窗戶高（尺）+1 尺（上下收邊摺）] X 幅數 ÷3（3 尺為 1 碼）= 用布量。

註：以上價位僅供參考

百葉窗線條比例優美，木質外框多以榫接工法施作，可增加結構強度。
攝影 _Amily

?? 裝修迷思 Q&A

Q. 什麼窗簾隔熱、遮光效果最好？

A. 直簾可以選擇三明治布，這種窗簾布是兩層布中間夾黑紗，透光度隨黑紗密度而有差異，可以到達 90% 以上，優點為柔軟且有多種花色可挑選，橫簾則捲簾布片種類最多，有的遮光率能達到 99% 以上。

Q. 為什麼一樣尺寸數量的窗子估價會差好幾千，甚至好幾萬？

A. 窗簾的價格分為四部分：布料、車工、軌道和安裝工資，主要的價格差異是布料。外行人很難分辨布料的差異，不過一般布料樣本上標示的「Code」後三碼或四碼即是布料牌價，可作為布料相對價值的參考。

裝修名詞小百科

法式波浪簾： 在傳統打摺窗簾的上蓋，做固定式波浪造型耳幔，是一般常見的法式波浪簾，波浪的造型可變化，喜歡華麗風格的人可以在波浪加流蘇。另一種新式的法式波浪簾則為上下捲動式，原理與羅馬簾類似。要做出美麗的波浪，波浪寬度不要小於 60 公分。

穿桿簾： 穿桿簾向來是最簡易的窗簾，價位也最親和，除了可以搭配藝術窗簾桿，還可以選用伸縮桿，將伸縮桿固定在窗框，立即變身為窗簾桿，針對某些在外租屋或不想在牆上鑽洞的消費者來說，不失為理想變通方案。

老鳥屋主經驗談 —— Michael

我喜歡簡練一點的生活感，因此家裡一律是淺色羅馬簾，視覺上比較簡單乾淨，也不會有一般窗簾落地，時間一久就難清理的煩惱，而且羅馬簾拆卸容易，更換方便。

體檢包發
預算
設計圖
配置空間
建材
收納
隔間
照明
配色
法規
工班
報價單
時程裝修
合約
工程基礎
工程設備
工程裝飾
選搭軟裝
驗收
入住

〈
2
0
7
〉

PART 5

清潔工程

照著做一定會 清潔工程

> 清除牆壁粉塵 → 清除天花板粉塵 → 吸除櫃體粉塵 →
> 洗刷地板和清理櫃體、鋁門窗 → 刷洗陽台和庭院地板

（左）清潔通常會將門窗拆卸下來，做大清潔，包括窗戶溝縫都會清理完畢。　圖片提供 _ 朵卡空間設計

（右）天花板也會是細清的項目之一，因為工程結束後，天花板殘留了許多木屑。圖片提供 _ 朵卡空間設計

O1 清潔分二階段

一般來說，裝潢清潔分成兩個階段，也就是「粗清」和「細清」，粗清包含拆保護墊、收拾垃圾及初步除塵；細清包含擦拭櫥櫃、清洗窗戶、殘膠、泥漬和漆漬的處理，以及衛浴、陽台、全室地板清理。

O2 垃圾必須歸類裝袋

一進入清潔現場，第一件事就是先將保護板拆除裝袋、工程廢棄物集中裝袋、垃圾集中裝袋。保護板拆除過程需將保護板往內摺以及動作放慢以減少屋內揚塵。各縣市環保局都有制定大宗垃圾清運標準，可以上網查詢或打電話詢問，請當地清潔隊來收。

O3 粗清除塵時不可碰水

最棘手的裝潢粉塵，在確實清理完成前，勿讓現場接觸到水（含衛浴及陽台），粉塵愈重之處愈怕碰到水，一旦弄濕後反而不容易清理，且容易讓塵沙囤積在水管內。

04 處理殘膠泥漬油漆漬考驗專業

當粗清已排除大部分殘膠及細塵，後續面臨的則是粉塵擦掉後到處會有的殘膠以及油漆滴落、泥作留下的填縫劑，或水泥痕跡。專業且經驗豐富的清潔人員，會依照狀況判斷不同材質需要用甚麼方法處理。

05 看懂報價單

服務項目	服務內容	備註欄
全室（公寓2樓）	施工保護板拆除裝袋	
	潔後一般垃圾代為處理	
內外窗戶	清理	外窗以無危險性及人體可清到範圍儘量清理
天花板	木作燈具除塵清潔	
衛浴	全室刷洗	
門板	擦拭	
地面	殘膠處理	視現場建材情況，不保證可完全清除
廚房	流理台櫥櫃表面（包含櫥櫃內部）、抽風煙機表面清潔	
客廳	所有櫃面擦拭（系統櫃內部）	
臥房	所有櫃面擦拭（系統櫃內部）	
冷氣機	表面清潔	
服務費用	NT.18000	服務當天驗收完畢

註：以上報價為裝潢後粗清加細清，不包含地板及傢具打蠟。
註：清運工程廢棄物等特殊處理需另外請配合廠商報價。

說明：
1.「清潔」和「清運」是兩回事：
清運垃圾必須叫車來載，有些廢棄物送到處理廠還得另外支付處理費，都會以獨立名目收費，不包含在清潔工程裡。完工前，泥作和木工等工班都會產生廢料，這些都應該在各工班退場時自行清運，費用含在工程款中。
2. 現場估價、書面契約：
要保障自己的安全，可以找有政府立案的清潔公司，對方必須先到現場估價，說明清潔項目程序，例如是否包含窗溝清潔、地板上蠟，並且條列書面簽約，保護自身權益。

註：以上價位僅供參考

儘管迫不及待入住新環境，還是要注意天地壁櫃的粉塵、殘膠是否徹底清理。
圖片提供 _ 今硯室內裝修設計公司

發包
體檢

預算

設計圖

空間配置

建材

收納

隔間

照明

配色

法規

工班

報價單

裝修時程

合約

基礎工程

設備工程

裝飾工程

選軟搭裝

驗收

入住

〈
2
0
9
〉

?? 裝修迷思 Q&A

Q. 請人來專業打掃會比較好嗎？

A. 專業裝潢清潔使用的工具，都比一般家用來的專業，比如業務用吸塵器和拖地機，不是一般家庭會添購的東西，而且使用的清潔劑也不大相同，通常都較家用強效，如有不慎破壞裝潢，要有經驗的專業清潔人員才可熟練操作。

Q. 專業裝潢清潔價格怎麼那麼高？

A. 專業清裝潢潔價格最昂貴的部分是人力，通常一場清潔至少出三個工（三人），每人出一趟至少 NT.2 千元（北部價格，中南部較低），包括移動、搬運器材，若面積越大，花的時間越多，也會越貴。

📖 裝修名詞小百科

居家用清潔劑： 市面上的居家用清潔劑可分為酸性、鹼性和中性，事實上成分幾乎都是酸鹼溶劑加上界面活性劑和軟水劑、香料等添加物，多有添加化學物質，其實可以多用較為天然的小蘇打粉、白醋或肥皂水來清潔，清潔效果既良好，而且較不傷手。

清潔工程驗收： 可從三點衍生為驗收的檢查要點。

1. 檢查地板或木作等檯面是否還有殘膠、泥作和油漆痕跡；系統櫃和玻璃表面的痕跡是否清除乾淨。

2. 檢查窗戶、玻璃等亮面是否留有水漬。

3. 櫃內五金、門板線板裝飾、門片高櫃上方是否還有灰塵。

🏠 老鳥屋主經驗談 —— Alisa

我家的坪數大約 40 坪，而且是三層樓的透天厝，因此房子裝潢好之後，就請了專業的清潔公司來打掃，現場一共來了五個人，大約花半天時間就把環境打掃得乾乾淨淨，讓我省事不少。

軟裝選搭計劃

透過裝修工程將空間的動線、格局釐清，並且以建材設備將家的框架建立後，想讓居家空間變得有生命力，則一定會需要藉由傢具、燈具、擺飾、織品等軟裝陳設加入，挑選適合自己居家的物件，並藉由佈置的技巧，才能真正為家注入更生動的靈魂。

重點 *Check List !*

☑ **O1 認識傢具**

傢具不單有實用性機能，更會直接影響空間整體風格的呈現，從沙發、茶几、單椅到櫥櫃等，不論是單獨擺放又或者以多個傢具單品組合，只要抓準比例與素材特性，做出適當的配置、擺設與搭配，就能為居家空間加分。 →詳見 P212

☑ **O2 壁面裝飾**

壁面不僅能藉由建材構成其基礎面貌外，還能運用裝飾元素改變牆面原本的單調面貌。常見手法是在牆面漆上塗料；而不希望一面牆過於樸素單調則可選用壁紙、壁貼等幫牆面加工，若嫌麻煩不想動工最簡單的做法就是在牆上掛畫作、相框等。 →詳見 P215

☑ **O3 桌櫃裝飾**

空間中陳設物件的比例協調性相當重要，編排不外乎為傢具傢飾品的尺寸大小、高度、寬度、深度還有配套物件如桌椅、茶几、沙發等是否符合基本使用機能，要避免椅比桌高、桌燈比邊几大的怪異陳設。 →詳見 P217

☑ **O4 布藝織品**

織品可分為抱枕、寢具、地毯以及窗簾等，其中窗簾最能影響整體居家空間感受，因此在挑選時最好要注意居家風格適用的顏色、花色與材質；抱枕雖只是點綴性質，但若多擺幾個也能成為空間的一大亮點；地毯與空間坪數大小較有關聯，擺放時要注意比例；至於寢具則會影響臥房氣氛，不妨可選用活潑的花色。
→詳見 P219

職人一 杰瑪設計 游杰騰

連帶關係讓搭配變得簡單又和諧

在配置軟裝傢具時，運用相對的連帶關係可讓搭配變得簡單並且和諧，例如沙發椅是鐵件腳，在茶几、邊几帶有鐵件元素，即便不是成套購入卻也能展現混搭卻協調的美感。此外善用地毯也有著讓看來毫不相關的傢具變得相襯的神奇效果。

深色地板與白色牆面的簡約色調中利用沙發、單椅與綠色植栽等能營造居家暖度。　　　圖片提供＿杰瑪設計

認識傢具

照著做一定會

O1 傢具種類與空間運用重點

種類	特色	空間運用重點
沙發	常見款式為雙人沙發、三人沙發、L型沙發,可將雙人沙發與三人沙發組合成一套。另外,也會以扶手椅與沙發做搭配。	客廳主要傢具之一,除了風格因素外,順暢的動線、空間的比例以及生活習慣都要考量。
桌	桌子不外乎餐桌、書桌,材質的選擇與配置方式,都是餐廳整體氛圍營造的重要關鍵。	餐桌、書桌可視空間風格做選擇,但要注意尺寸大小,以免影響動線順暢。
椅	在空間多擔任調度角色,愈來愈多人會思考以舒適與生活習慣作為傢具的配置原則,因此不被拘限使用。	各個空間皆適合,主要以生活習慣與舒適性做挑選,同時也可當成餐椅、書桌椅使用。
几	茶几或咖啡桌因應空間需求有多種變化,例如常見的套几,不用時可重疊收納,有些茶几下方設計抽屜櫃以便收納。	茶几和邊几多配置在客廳,是客人來訪時置放茶水點心的位置,或平時放遙控器等小物的桌面。
櫃	不論是鞋櫃、衣櫃或書櫃,櫃子多具有居家收納功能,但也有人拿來當成展示用途,轉化收納機能變為物件的展示空間。	由於櫃體積龐大,所以在配置上要考量尺寸大小以配合空間,避免影響動線。
床	床由床架與床墊組成,是臥房最重要的傢具,應以舒適為首要選擇,接著再考慮風格搭配。	床的擺放要特別注意與傢具間的適當距離,別讓距離過近而充滿壓迫感,以致無法達到放鬆目的。

O2 沙發大小與空間比例

選擇沙發時,要注意尺寸與空間的關係,沙發尺寸過大易產生突兀感,過小則會顯得客廳較小。建議挑選以沙發牆為準則,沙發尺寸約是沙發背牆的 3 / 4 倍即可。

O3 餐桌大小與使用人數

一般來說常見矩形、長方形餐桌，長寬約 120 公分 X 7 公分，可搭配 4 張餐椅為 4 人餐桌；長寬約 130 公分 X 80 公分，可搭配 6 張餐椅為 6 人餐桌。圓形餐桌直徑約 120 公分～ 150 公分，可搭配 4 ～ 6 張餐椅為 4 ～ 6 人餐桌。正方形餐桌長寬 90 ～ 120 公分 X 90 ～ 120 公分可搭配 4 張餐椅為 4 人餐桌。

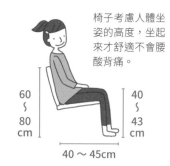

依照人數不同，選擇不同形狀的餐桌與擺放餐椅的方法。

O4 椅子考慮人體坐姿高度

一般坐著的高度計算是以膝蓋到腳底的平均高度而定，男性為 52 公分高、女性為 48 公分高，前後誤差 3 公分，扣掉膝蓋的厚度 5 ～ 8 公分，因此椅腳高度為 40 ～ 43 公分左右。另外，臀部面寬 33 公分，因此椅面寬度一定超過 35 公分。

椅子考慮人體坐姿的高度，坐起來才舒適不會腰酸背痛。

60
～
80
cm

40
～
43
cm

40 ～ 45cm

O5 風格影響茶几材質選擇

茶几材質千變萬化，可依風格作為佈置、挑選的準則。鄉村風、北歐風可使用木質茶几；現代風可選擇玻璃或鋼烤材質的茶几；石質茶几則很適合古典風格。

留白空間更好搭現代極簡或是北歐風格的空間架構，簡約俐落，往後要添加傢飾品、軟件佈置也不易被受限，更能突顯使用者個性。
圖片提供＿杰瑪設計

O6 櫃子佈置關鍵

櫃體選擇大地色或無彩色的黑、白、灰較不容易出錯；當空間小又需要大鞋櫃，可用高鞋櫃取代玄關櫃，並可選用淺亮色系或貼附鏡面。

O7 床具款式決定臥房風格

床是臥房最重要的傢具之一，應以舒適為首要選擇，接著再考慮風格搭配。床由床架與床墊組成，床架可以風格做選擇標準，顏色則視空間氛圍做選用，乾淨清爽的色調如米白、原木，會讓人感覺比較療癒；沉重的深木或金屬材質，則適合典雅的空間氣質。

發包
體檢
預算
設計圖
配置空間
建材
收納
隔間
照明
配色
法規
工班
報價單
時程 裝修
合約
工程 基礎
工程 設備
工程 裝飾
選軟 搭裝
驗收
入住

在臥房裡設置更衣間，能有足夠空間收納衣物，利用與原木衣櫃和傢具的同樣花紋，打造更衣間的進門，當門關閉時，與櫃體融合一體。
圖片提供 _ 原木工坊

?? 裝修迷思 Q&A

Q. 沙發與桌几的尺寸要如何對應？

A. 若沙發為休閒款式高度較低，茶几高度也要隨之降低，如高 35 ～ 40 公分的沙發，桌几大約高 30 公分，考量伸展的距離，沙發和桌几間距則為 25 公分。若沙發高為 42 公分是坐起來挺直的款式，選擇高茶几才適配。

Q. 我家空間小，選擇吧檯當餐桌要怎麼選才好？

A. 越來越多小家庭選擇以吧檯取代正式餐桌，可當作廚房的延伸，也身兼劃分餐廚區域的要角。吧檯檯面高度一般約 90 ～ 115 公分不等，寬度則在 45 ～ 50 公分之間；吧檯椅應配合檯面高度來挑選，常見有 60 ～ 75 公分高，就人體工學角度較為舒適。

裝修名詞小百科

雙人沙發：兩人座沙發，適合坪數較小的居家空間，或者是家裡人數較少的小家庭，可再搭配線條簡單的單椅，因應客人來訪或者其他狀況做靈活變化。

三人沙發：三人座沙發，家中坪數約 30 坪上下最適合選用，家裡人口不多，一張三人沙發就很足夠，可不必再搭配單椅，讓生活空間更俐落簡潔。

老鳥屋主經驗談 —— John

床頭最好靠無窗的牆。在風水上有一說床需靠牆避免無依無靠、容易多夢難入睡，從科學上來說，靠窗容易受到光線和風干擾睡眠品質。不過臥房常有床頭壓樑的情形，此時可搭配床頭板或床頭櫃陳設，也能增加美觀及收納。

PART 2

壁面裝飾

照著做一定會

01 壁面裝飾種類與空間運用重點

種類	特色	空間運用重點
畫作畫框	畫作、照片依風格與表現手法大致可分為山水風景、人物、靜物及抽象等類型，近年也流行用異材質拼接成畫作。	客廳適合擺掛單幅作品、餐廳適合能喚起食慾的畫、走廊牆角可同時掛幾幅作品佈置成藝廊。臥房、兒童房則用小品畫作最適合。
掛飾品	鏡子有放大空間的效果，造型多元，時鐘不只是對時功能，利用老件時鐘，營造復古或工業感的氣氛。	相框畫作混搭鏡子等壁面裝飾就能快速改變牆面表情，甚至轉化空間氛圍。
壁紙	壁紙有多種不同花色、材質，可快速改變空間氛圍，一般依個人喜好與居家風格挑選。	依空間功能，挑選易清潔、耐刮磨等效果，或依風格搭配簡單素雅，或華麗高貴等空間情境。
壁貼	可隨興組合運用，因此不需受限於制式圖案，使用者可發揮創意創作出獨有的花色、排列。	適用於任何空間，很適合想時常更換住家佈置及喜歡創造獨一無二空間的年輕族群。
裝飾性塗料	色彩最能快速改變空間感受，除了以單色表現，也可利用一牆雙色讓壁面變得更繽紛。	客廳適合沉靜的大地色系，餐廳適合促進食慾的淺色系，臥房則最好選有助睡眠的暖色系。

02 畫作畫框佈置關鍵

畫要掛在距離地面 160 公分處，而牆面佈置最適當的黃金比例為 2：1，並需先參考室內傢具的主要色調後再選配對應的畫作。

在牆上掛相片或畫作可以裝飾牆壁，掛對位置能增加空間氛圍，但如果沒有依照一定規則就會顯得沒有焦點或凌亂。
攝影＿沈仲達

O3 雜貨挑選顏色或材質相近

擺飾品的種類和外觀繁多，若想要擺得好看建議利用「一致性」的概念：物品的一致性指的是挑選外觀形狀、或材質一致的，擺出來就能看起來整齊；而擺放的一致性則是利用擺放位置和手法建立秩序。

物品以展示的型態陳列，只要掌控好形狀、顏色和質感反而不覺雜亂，而更能呈現俐落的視覺感。　　攝影__沈仲達

O4 壁紙依照喜好和需求選擇圖騰

經典的鄉村小碎花、花鳥蝶舞等自然元素的圖騰能創造溫馨的氛圍適合用在古典、鄉村風格；若想呈現現代簡潔的空間，選擇條紋或千鳥紋都很適合。而像是巴洛克卷葉花紋或變形蟲圖紋，是經典的古典語彙適合放在古典風格中。

O5 顏色要跳才能突顯壁貼美

選擇壁貼顏色時建議顏色一定要跳才能看見壁貼的美。例如對比色的使用：像是白牆使用黑色、紅色壁貼；深色牆就使用白色、鮮黃色款式，壁貼顏色跳出來才能發揮它的裝飾作用

PART 3

桌櫃裝飾

照著做一定會

O1 桌櫃裝飾種類與空間運用重點

種類	特色	空間運用重點
蠟燭、燭檯	蠟燭與燭檯大多是營造居家氛圍的最佳角色。燭檯在造型上有許多變化，因此就算單獨陳列也能成為很好的擺飾。	多半會放置櫃面上，或是邊几桌面上，甚至角落地板，由於蠟燭造型簡單，在擺放時多以成群方式呈現，利用數量來豐富美感。
擺飾品	大致上可分為餐具、收藏品等，除了餐具可拿來使用外，通常拿來裝飾居家空間為主。	大多陳列於平台或層板上，甚至壁爐上，學會正確的擺設方式就不會顯得凌亂，讓陳列物件更加分。
花器	通常與花或植物一起做搭配，選擇花器時要考量插花方式、花朵的種類或者植物品種，以及空間想營造的氛圍。	任何空間皆適合擺放，可購買現成花器也可利用身邊的玻璃淺缽，只要能裝水、放花都能成 為一個完美的花器。
花藝植物	想轉換空間的氣氛為空間注入新意花卉植物是其中一項既簡便又能達到立即效果的佈置利器。	花卉的形態多變與豐富色彩，不論駐足於角落製造過渡與轉角的驚喜都是稱職的角色，且輕鬆為空間帶進綠意與生氣。

O2 燭檯佈置關鍵

燭檯材質有很多種，樣式上有簡約與繁複可依風格作選擇；在擺放時留意燭檯高度，不要太高以免影響交談，並可搭配造型簡單的燭檯融入各種空間氛圍。

O3 擺飾擺放準則

保留一些呼吸空間，才能營造隨興的留白美感；再來將最大、最高的物件擺正中間，左右兩側擺設其他較低矮的物件；而擺放關於動物的任何東西，大的通常擺在觀賞者角度的左邊。

日常生活會使用到的餐具用品都能作為桌上擺飾的素材，可加入一些香草植物、乾燥花或是水果，擺餐桌、茶几或備餐檯也很有生活味。　　攝影＿ Yvonne

O4 花器以單數為主

可以挑選多支花器，但建議以單數為主，並以
不同造型搭配例如 1、3、5 的數量營造錯落的
佈置美感，不一定每件花器都需要插上花朵，
以色彩遊戲為出發為窗檯做變化。

乾燥花與乾燥果實比起鮮花更耐放，因乾燥而褪色的復
古感和田園鄉村氣息十分合襯，放在玻璃罐裡或是直接
擺放在桌櫃上就很有氣氛。　　　　　　攝影＿＿ Yvonne

O5 花藝植物依空間做選擇

放在桌面的植物儘量選擇以小型盆栽，以免佔據桌面太多空間影響互動，放在櫃子上則
視櫃體大小和比例選擇適當的植物擺放。決定花卉佈置主題的最大參考值，可找尋最大
面積的主色調，如果屬於暗色調，若能利用明亮豐富的花材中和搭配最為恰當，如果是
淡色調則較不受限，淡色也好、鮮豔也可，以花飾渲染展現截然不同的空間韻味。

?? 裝修迷思 Q&A

Q. 每次擺放擺飾都顯得雜亂，有沒
有什麼訣竅？

A. 1. 不對稱擺飾法：擺設重點在於兩
側的物件必須為截然不同的屬性飾品，
例如左側放書本、右邊放花瓶等。

2. 對稱整齊擺法：古典風格相當講究對
稱平衡，因此帶有古典或鄉村元素居家
空間很適合此種擺法。

3. 直角三角形：這個方式是最直接最
快的佈置陳列假想一個隱形的直角三角
形，直角能是右側或左側，再將擺飾品
依照高到矮順序擺放。

裝修名詞小百科

黃金三角形：是一種特殊的等腰三角
形，因為它腰與底邊（或底邊與腰）的
比值等於黃金比故得名。黃金三角形有
銳角三角形和鈍角三角形。其中銳角三
角形的頂角為 36 度底角 72 度，而鈍角
三角形頂角 108 度，底角各 36 度。

切花：常指從植物體剪切下來的花朵、
花枝、葉片的總稱，它們為插花的素
材，也被稱為花材。

老鳥屋主經驗談 —— Vivian

對於新手入門的人來說，可從所謂的擺設黃金三角比例開始，先學習從造型簡單的單品
練習起，等到慢慢上手，再進階挑戰更高難度的陳列手法。

PART 4

布織藝品

照著做一定會!

O1 布藝織品種類與空間運用重點

種類	特色	空間運用重點
抱枕	抱枕因材質不同,而會有不同觸感。純棉是最受歡迎的材質,棉麻混紡觸摸會有比較明顯的凹凸感;羊毛抱枕則有柔軟保暖的特點。	大量使用在臥房及客廳,數量沒有限制,可利用材質及尺寸大小做出層次感,另外可依季節選擇適合的圖樣與材質。
地毯	常見地毯材質有絲質、羊毛、尼龍、棉質等,其中絲質觸感最滑順;羊毛富彈性;尼龍耐磨、易清理;俗稱 PP 的聚丙烯纖維,觸感較硬且按壓或踩踏後不易回彈。	地毯是客廳、房間佈置不可或缺的單品,擺放時要考量顏色、材質,注意與其他傢具間的比例,不同形狀的地毯會造成視覺上的觀感不同。
窗簾	窗簾一般用來作為遮光功能,也會影響居家氛圍,所以想為居家空間增色,可選擇適當的花色,增添一些豐富感受。	窗簾對空間佈置有很大的影響,適當運用窗簾,不只遮光功能也能替簡單的空間呈現溫馨的感受。
寢具床組	寢具床組須經常換洗,因此若不想大肆改裝臥房空間又想改變一下氣氛可利用寢具做變化,材質以棉麻類最受到喜愛。	主要是以臥房整體空間的風格與氛圍搭配,可隨不同的季節與節日做適度的改變。

O2 地毯的搭配與運用

若是擺 L 形沙發可放方形地毯達到視覺延伸效果;整套式沙發可在中間放張圓形或橢圓形地毯感覺較不呆板,還有界定空間的作用。

地毯的材質相當多元,不同質料、顏色與織法等也帶給空間截然不同的效果。夏季用淺色麻編質感,冬季鋪一張毛絨絨的地毯感覺格外溫馨。　攝影__ Yvonne

O3 抱枕佈置關鍵

配合季節特性,選用對應的材質;其次讓大小尺寸混搭使用製造層次變化,並以不影響坐在沙發舒適度為主設定擺放數量。

O4 窗簾設計準則

落地窗簾以離地1公分最好看,顏色則從空間、傢具挑選色系,能讓色調更一致;此外,素色窗簾布搭配花窗紗,花色窗簾布搭配素窗紗。

O5 床罩圖騰樣式越單純越好

寢具的圖騰樣式建議以花草為主,花草的圖案自然能減少視覺一直處於律動、轉動的情況。若想要使用線條,千萬也別太過繁複與密集反而干擾睡眠。

(上)為避開建築結構的大樑,運用繃板加厚床頭板來錯開外,在牆面上也貼上書櫃壁紙做裝飾,讓人忽略樑的量體,讓睡眠品質更為舒心。圖片提供_演拓空間室內設計

(左)床在功能上除了睡得舒適,也要融入想打造的居家風格及臥房氛圍,利用寢具做變化,是讓床改變面貌的最快方式。圖片提供_亞維設計

利用抱枕佈置，尺寸和數量選擇最好以空間大小選擇適當比例。　　攝影＿ Amily

發包
體檢
預算
設計圖
空間配置
建材
收納
隔間
照明
配色
法規
工班
報價單
裝修時程
合約
基礎工程
設備工程
裝飾工程
選軟搭裝
驗收
入住

〈221〉

?? 裝修迷思 Q&A

Q. 地毯的顏色要怎麼挑選？

A. 挑選地毯建議適合居家的大地色系。可依傢具、整體風格找出同色系做搭配，一來色調較一致、二來也不易出錯；若以地板為考量則是記住淺色地板要使用深色地毯，深色地板使用淺色地毯，用跳色彰顯。

Q. 窗簾要怎麼裝才不會漏光？

A. 窗簾應做到超出窗框約 10 公分左右，不僅是為了美觀也是考量到有效遮光比較不會有漏光的可能。若是要特別強調藝術桿的飾頭，可以考慮把寬度加到超過窗框 15 公分。

📖 裝修名詞小百科

蛇形簾：近年流行的蛇形簾可以算是一般傳統軌道簾的進化版，看來大器的蛇形簾因為要強調其波浪度，所以布料需要增加到窗框的 2.5 倍以上。

羅馬簾：屬於上拉式的布藝窗簾，較傳統雙開簾簡約能使室內空間感放大。放下時為平面式的單幅布料，能與窗戶貼合故極為節省空間。

😊 老鳥屋主經驗談 —— Andy

倘若不想大興土木改變家中硬體陳設色彩，可針對自己喜好的色彩挑選各類軟件如窗簾、抱枕、掛飾等妝點空間，不僅可嘗試各類色彩搭配的順眼與否，如果效果不如預期也能隨時調整更換。

完工驗收計劃

房子裝修完畢可不要急著想搬進去住，先仔細驗收，可避免人進去後，一些大小問題的發生，對生活造成困擾。當然裝潢工程在過程中最好能有時間監工，實在沒有時間，做完時的驗收就絕對不能免。而為避免糾紛的發生，屋主在裝修前、中、後期，最好天天能去工地一趟 若發現異狀，建議都要與監工人員或現場工班立即溝通解決問題。

重點 *Check List !*

☑ *O1* 預防糾紛，工程驗收要點

驗收的方式最好是邊做邊驗收，因為工程是階段進行，有問題可隨時解決，但在搬進去前還是進行總驗收，才能安心住進。驗收時手邊應該要有平面圖、立面圖以及施工剖圖等監工圖，並標示施工範圍點，例如水電開關、插座位置與高度等等，驗收時才能比對實況。驗收時都要有清楚的施工尺寸及材料說明，標示在圖面或是列在估價單上驗收時才有依據。　　→詳見 P224

☑ *O2* 避免糾紛，發生糾紛解決方式

裝修房子畢竟是很大的一筆金額，不管找工班或設計師，是否為熟識的親友，在事前溝通清楚才是上策。首先，要了解工班施作方式，確認為理想模式才能避免事後糾紛。如遇到糾紛，要先冷靜下來，如果當初有簽訂合約或正式報價單，可回到合約、報價單內容，從中舉證統包師傅沒照著做的地方，溝通時記得要私下錄音蒐證。　　→詳見 P230

職人應援團

職人一 天瑋室內裝修有限公司　謝毅民

合約要附註建材明細表，並拍照存證

合約要附註建材明細表，並拍照存證。為避免糾紛的發生，建議設計師、工班及屋主在簽設計約時，以及在挑選建材時，最好面對面將所需使用的建材解釋清楚，並註明各種建材運用何處，拍照存證，附在合約後方，即便未來可能非設計師施工，也提供詳實的建材資料，不怕施工者偷工減料。

建議設計師及屋主在簽設計約時，以及在挑選建材時，最好面對面將所需使用的建材一一解釋清楚，並拿出樣本對照。　攝影 _Amily

職人二 今硯室內裝修設計工程有限公司 張主任

測試專業力設計師和統包商的專業度

要測試工班有否專業度的方式就是直接將不懂的地方提出來，如拆除平面圖確實放樣，標示拆除位置及徹底溝通。確認放樣尺寸位置，全室燈具及插座用電分配量。另外泥作粗胚打底後要以水平尺確認洩水坡度。配置冷房效果，而室外機要注意空間大小及冷房位置。選擇燈具則需要注意開孔大小、重量、尺寸。

預防糾紛，工程驗收要點

👌 照著做一定會

O1 驗收定義與支付尾款

無論是否百分之百完工，或是工程結束驗工發現仍有瑕疵，屋主一旦將物品搬入整修的空間裡，在法律上都「視同完工」。等到搬進去發現有問題，或是明知有問題仍堅持先搬進去，之後即使走法律途徑處理金錢糾紛，成功機率都很低。

O2 補救方程式

Point ▶ 瑕疵維修立但書

工程沒有百分百完美，一塊磁磚的小裂縫要扣款 NT.10 萬元實在有點超過，若依照「建築法」規定，合理的扣款約為千分之二。簽約時就可以明訂雙方都能接受的瑕疵維修但書，例如依照瑕疵情況，扣留尾款的若干成數，等到瑕疵補救好就付清尾款，如此雙方就可避免傷和氣。

Point ▶ 與工班好聚好散

工程結束付款是天經地義，依照瑕疵狀況先扣留部分尾款，不影響工班、設計師的資金調度，他們也會儘可能趕快彌補，才能順利拿到剩餘款項。若發生衝突告上法院，又是一場勞心勞力的過程，對雙方而言都不利。

O3 驗收基本必備工具

名稱	用途
捲尺	目的在於丈量以及確定規格與尺寸，大部分單位是使用公制的「公分」；若考慮風水則要使用「文公尺」（上陽下陰，以紅色為吉、黑色為凶）。
水平尺	主要測量各種水平值，尤其在安裝鋁門窗、鋪設磁磚以及測量門窗水平時。
比例尺	為了確定圖稿上的尺寸使用，有時雖可用捲尺代替再換算，但要慎防誤差過大。
計算機	用在尺寸轉換、計算上，以防算錯。
手電筒	勘查工地現場時，某些地方如天花板，就一定需要手電筒照明，才能看清楚管線位置，還有其他尚未裝設照明的地方也用得到。
數位相機或照相手機	在現場可隨時拍照，以避免日後糾紛，善用數位化管理，能使監工作業順利很多。

O4 總驗收項目整理

項目	驗收重點
驗收文件	各式施工圖、報價單、說明書、保固說明書等。
木作工程	木地板、木皮、牆面造型、線板完整度、櫃子等。
漆作工程	披土平整性、瑕疵痕跡、打底工作、噴漆上臘、壁紙對花、縫隙等。
磁磚工程	平整度、貼齊度、縫隙、缺角裂痕、是否有空心磚。
水電工程	核對管線圖設計圖、插座數目位置、安全設備、漏水情況、管路暢通。
鋁門窗工程	是否符合設計圖、開關平順度、隔音、尺寸確認、密合度等。
五金工程	抽屜抽拉平順度、五金是否符合設計圖、大門鎖是否扣牢與更換點交。
窗簾工程	款式尺寸確認、平整性、裝設是否有瑕疵、是否對花等。
其它工程	所有門窗開關是否平順、防撞止滑工程是否徹底、材質填縫平整度、隔熱防漏等。

O5 驗收檢查細項

（參考範例）

註：檢查結果符號說明：○ 與設計圖相符 ✕ 有缺陷需改正後再確認

項目	檢查細項	檢查結果	缺失情形	改善建議	改善情況	最後結果
1	地板踩起來踏實，沒有吱吱作響	✕	主臥地板踩起來吱吱作響	需重鋪	聲音減少	通過
2	木地板有做收邊且留伸縮縫，並且填縫得很平整	○				
3	木地板沒有色差太多（有則需淘汰）	✕	換過	已換		

Point ➤ 驗收文件

項目	檢查細項	檢查結果	缺失情形	改善建議	改善情況	最後結果
1	施工圖—對照實際施工狀況					
2	報價單—對照實際材料品質及數量					
3	使用說明書—各項工程或材質使用方法					
4	保固說明書—各項工程保固期限					

Point ▸ 木作工程

項目	檢查細項	檢查結果	缺失情形	改善建議	改善情況	最後結果
1	木地板踩起來踏實，沒有吱吱作響					
3	木地板有做收邊且留伸縮縫，並且填縫得很平整					
4	木地板沒有高低不平的現象（可以擺放桌椅測試）					
5	木地板表面沒有漆面剝落或破損或龜裂（有則需重換）					
6	木地板沒有翹起或變形／木皮表面有瑕疵，則需淘汰					
7	木皮的黏貼需平整，沒有起泡					
8	兩片木皮交接處要注意紋路對稱					
9	使用兩種木皮時，需將注意厚度是否一致，以維持平整度					
10	牆面造型、尺寸與設計圖符合					
11	線板平整，沒有凹凸不平					
12	櫃子造型、尺寸與設計圖符合					
13	櫃子的兩片門片合起來高低一致，沒有歪斜，也無敲傷破損					
14	櫃子的門片關上時，與櫃體高度一樣，不會露出櫃子的邊邊					

Point ▸ 漆作工程

項目	檢查細項	檢查結果	缺失情形	改善建議	改善情況	最後結果
1	水泥牆面披土平整，沒有起泡泡、凹陷、高低不平					
2	柱子、轉角處之牆面較不易平整，需特別注意披土之平整度					
3	水泥牆面沒有油漆刷痕、黏毛、塗料的流痕					
4	木器類需上透明漆，以增加亮度					
5	噴漆工程最後要上臘，以增加亮度					
6	壁紙黏貼平整，沒有起泡、高低不平，而且花色要對花					

Point ▸ 水工程

項目	檢查細項	檢查結果	缺失情形	改善建議	改善情況	最後結果
1	檢查排水的系統性，污水、雨水、雜水避免混合					
2	PVC 管與管接合膠有無確實，如浴室需用不鏽鋼製					
3	排水管的排水坡度是否確實					
4	冷熱水中心位置有無確實定位／冷熱水預留間距是否適當					
5	水管有無確實與牆面或地板固定，避免水管震動					
6	進水系統有無測水壓，防漏水點					
7	排水有無順暢或回積水槽（浴缸加滿後放水）					
8	施工後有無與圖上標示接管位置座標相同（漏水時方便查修）					

Point ▸ 電工程

項目	檢查細項	檢查結果	缺失情形	改善建議	改善情況	最後結果
1	所有配置是否按照施工圖稿施作					
2	檢查所有電線有無符合政府認證標準（禁用再製或回收使用的舊電線）					
3	線材有接線情況需確實，再以電器膠帶纏繞防止感電					
4	電源照明開關迴路及切換位置不宜裝設於門後					
5	電話周邊設備線材是否正常、有無雜訊					
6	消防監測系統是否漏失、功能異常					
7	安裝電熱器等是否使用規定的線徑配件					
8	衛浴安裝電話、電視或音響等是否使用防潮配件與工法					
9	各項電源開關是否可使用					

Point ► 五金工程

項目	檢查細項	檢查結果	缺失情形	改善建議	改善情況	最後結果
1	抽屜抽拉平順，沒有響聲					
2	有門的櫃子開關平順，沒有響聲					
3	衣櫥的五金配備與設計圖符合（如拉籃、皮帶掛勾等）					
4	廚具的五金配備與設計圖符合（如拉籃、轉角櫃、碗盤架等）					
5	門把與設計圖符合					
6	門把牢靠，沒有鬆脫					
7	門鎖容易扣牢					
8	所有門鎖的鑰匙點交清楚，沒有遺落					
9	大門鎖最後在場更換，鑰匙點交清楚					
10	所有的鉸鍊不會太緊或鬆脫					

Point ► 其它工程

項目	檢查細項	檢查結果	缺失情形	改善建議	改善情況	最後結果
1	內牆拆除尺寸與設計圖符合（施工中驗收）					
2	拆除工程廢棄物清理（施工中驗收）					
3	隔間尺寸與設計圖符合（施工中驗收）					
4	所有的門開關平順					
5	門關上時與門框密合，不會歪一邊					
6	家中有小孩子，櫃子的收邊宜做圓弧，或做防撞處理					
7	家中有小孩，玻璃不宜落地，若有需做強化玻璃					
8	玻璃、鏡子的填縫平整					
9	頂樓注意隔熱處理／空中花園注意防漏處理					
10	現場清潔是否完整					

Point ▰ 窗簾工程

項目	檢查細項	檢查結果	缺失情形	改善建議	改善情況	最後結果
1	窗簾款式與設計圖符合					
2	窗簾拉放平順沒有皺巴巴					
3	窗簾裝設沒有歪斜					
4	窗簾裝設的密合度，放下時從外面看不到縫隙，顧及隱私					
5	窗簾放下時，不會太長或太短					
6	窗簾布有對花					

發包
體檢
預算
設計圖
空間配置
建材
收納
隔間
照明
配色
法規
工班
報價單
時程
裝修合約
工程基礎
工程設備
工程裝飾
選軟搭裝
驗收
入住

〈
2
2
9
〉

?? 裝修迷思 Q&A

Q. 想要潔白的浴室，結果師傅磁磚抹縫用咖啡色的，感覺都不對了？！

A. 磁磚與石材的加工，種類繁多，包括切割、倒角、光邊……等，在貼磁磚前須慎選磁磚，確定品牌、型號、材質、尺寸、縫，以及收邊加工方式。

Q. 什麼時候才能將尾款付給設計師或工班？

A. 建議在完成驗收時，將設計師或工班就驗收不通過部份，修復完成後再付尾款，才能夠保障自身的權益。

📖 裝修名詞小百科

防水驗收：防水驗收的技巧可以直接潑水於地面及牆面，觀察是否有滲漏情形，而浴缸在施作時會進行試水測試，業主若有空也可以到現場監工，另外防水塗料是否塗抹均勻也要注意。可要求防水施作時以不同染料添加防水劑中，可知道塗料是否均勻即上了幾道防水。

隱蔽工項：指無法以肉眼驗收的工程項目，如地坪防水、水電管路上泥作、封板前的施作等。因此隱蔽工項在施作時，建議屋主可到場親自查驗工班的施工步驟，或是請設計師拍照驗證。

😊 老鳥屋主經驗談 ── 小龜

驗工時師父告訴我幾個訣竅，只要是立面性的牆壁、壁磚或者是門、窗等，一定要考慮到垂直；只要是橫向的線條，如砌磚、地磚的水平，桌面、門、窗等，須注意水平線；直角同一個地、壁面空間結合的地方，比如地壁結合點、樑柱之間、陰陽角處，就儘量採取直角，在美感上才會有加分效果。

PART **2**

避免糾紛，發生糾紛解決方式

照著做一定會

O1 裝修前期

Point ▶ 與設計師（公司）來往注意事項

注意事項	重點
參考設計作品和測試專業力	透過設計作品評估設計師的設計美感與功力，留心有無盜用別人作品的照片；詢問對方裝修風格、建材、工法、預算、法規等問題，這是對專業知識與經驗的測試。
確認公司是否合法經營與執業	由公司登記的徵信與實地訪查，可瞭解對方的專業規模。
了解過早報價的動機與內容	如果設計師在認識、挑選階段就向你報價，要注意「低價搶標（接案）」、「日後一堆理由加價」的手法。
先簽設計合約再簽立工程合約	室內裝修合約基本區分為「設計合約」及「工程合約」。比較好的作法是先簽設計合約，並針對設計圖說檢視是否都有達到需求，確認無誤後，再進一步與設計師簽立工程合約。

Point ▶ 與工班、師傅來往注意事項

注意事項	重點
要求提供工期表	一般工期要以工作天計算，要根據詳細施工程序製作工期表計算施工日期。
工程有否符合預算並詳列報價單	裝修費用大致包括材料費、工資及統包利潤，貨比三家不吃虧，比價格要比材質、比工法、比工資及區域，每種工程都有一定的計算標準。

O2 裝修中期

Point ▶ 確實掌握施工過程

落實各工程階段的「初步驗收」裝修品質要能確保，也不應該是直到最後階段屋主才來一次「總驗收」，而是在各工程階段即不斷進行「初步驗收」（初驗），以能夠即時修正錯誤、瑕疵。

Point ▸ 要求每日監工日誌和現場照片

「監工日誌」是每日施工進度及內容的摘要，也是反映每天施工現場問題及處理的紀錄，可在合約中載明要求業者應該每日填載，並由雙方即時簽認，透過電子郵件傳送監工日誌的同時，也應一併附上「現場照片」（尤其針對隱蔽工項部分）給屋主。

Point ▸ 工地糾紛或異狀的處理

在施工過程若雙方對問題爭執不下而各持己見時，可對發現爭議的問題作蒐證，例如拍照存證或錄音等，作為後續在法律上協調爭議的保障點；發現瑕疵，立即要求補正、重作，並行使法律上、合約上的「同時履行抗辯」權利，暫停支付次期的請款。

O3 裝修後期

Point ▸ 合約中明載「工期」相關條款以確保準時交屋

「時間」往往是契約的重要條件，包括：何時開工（動工）、何時完工（或驗收通過）、工期計算標準採「工作天」或「日曆天」、變更及追加工程時之工期展延等。

Point ▸ 「完工」與「總驗收」的認定

由於法律上認定的「完工」與「總驗收」為不同之定義，目前法院實務上認為，完工即使沒有通過驗收、還有瑕疵，也只是民法瑕疵擔保責任的問題，業主不能以未完工為由，拒絕付款給廠商。

Point ▸ 完工驗收定義要寫明確

合約中使用「驗收通過」做為「尾款支付」、「逾期違約計算」、「保固」等條款的起算點。並針對之前各項工程階段初驗不通過的部分，逐項檢驗進行總驗收完成後，再付最後尾款，並將付款條件和逐步驗收通過結合在一起，避免雙方對完工認知差異所衍生的爭議。

?? 裝修迷思 Q&A

Q. 在保固期間內發現公司竟然倒閉了，難道只能自認倒楣？

A. 公司收款後旋即倒閉之情況，合約中提供再長、再全面的保固範圍，對屋主而言不具任何意義，屋主只能自己承擔損失。這就是為何簽約要考慮業者信譽（經營多久）的原因。

裝修名詞小百科

一底三度：底是指批土程序，三度是指刷油漆面漆的次數。

油漆驗收：即驗收油漆成效、有無瑕疵，驗收方法可分「開燈驗收」與「關燈驗收」兩次，前者需注意破洞、黑點、顏色不均如刷痕等。後者需注意陰影、凹陷和裂痕。

老鳥屋主經驗談 ── Tina

裝潢也有淡旺季之分，一般年前是旺季，年後則是淡季，愈是功夫好的師父，檔期愈滿，多問朋友介紹熟識泥作師傅，或是早點 Booking 檔期，都會比較安心。

搬家入住計劃

房子一旦決定開始裝潢動工後，除了找設計師與工班討論設計和施工外，也要開始準備收拾物品，替屋內的物品分門別類進行打包，丟棄不要的東西，同時擬定打包計畫，才能有效率的在搬家前整理好所有的物品。裝潢整修施工期可能長達 3 個月，甚至半年，因此要留意借住或租屋的資訊，一旦確定開始施工和完工的日期，才能不忙不亂的準備搬家。

重點 *Check List !*

✓ **O1 搬家打包，分類關鍵和技巧**

打包不常用的、或已換季的物品（如棉被、毛衣）可以先行打包；搬走前二週開始將物品分成 10 ～ 15 類，分門別類地整理，易碎物品要小心以氣泡紙等緩衝材料包覆完全；另外也可尋找大型傢具的置放處，如果暫時租賃的地方擺不下，還可以尋求個人倉庫出租使用。

再者，搬入的前兩日，要先為大型傢具定位，可在地板貼上膠帶標示出來，方便搬家公司確認，並先行進屋，避免等到都要搬入後，大型傢具難以進入。
→詳見 P234

職人應援團▌

職人一 小資夫妻 Juile&Peter

一天只要整理一類物品就好

開始收拾打包家中物品時，常常面臨到東西太多不知該從何開始，建議一天只要整理同一類的物品就好，如果同類物品太多，可分成兩天進行，這樣就能專心整理，收拾時就不會手忙腳亂。施工前也要記得申請裝修許可，並告知左鄰右戶，讓住戶有心理準備，做好敦親睦鄰的角色。

職人二 小資夫妻 Cathy&Leon

裝箱材料的挑選很關鍵

打包最需要的就是裝箱材料，除了使用收納箱、收納袋之外，有些易碎的家電、碗盤也要有保護材料包覆。但若選得不對，不僅增加在運送過程的麻煩，甚至有可能會造成搬運人員的傷害。裝箱的材料可分為「紙箱、收納箱、登機箱、真空袋、氣泡紙、白報紙、透明的寬膠帶、布膠帶」等等。

太薄的紙箱容易破掉，無法保護裝在裡面的物品，也無法保護搬運人員的工作安全。

搬家打包，分類關鍵和技巧

👌 照著做一定會！

O1 打包計劃，一天收一類最省事

Point ▶ 一周打包計劃

心中思考整理計畫，擬定物品收拾的順序，依照屬性先將物品分類，分成衣服、書籍、廚房用品、3C 家電等，最多分成 10 ～ 15 類，以分類的數目作為整理的工作天數，建議一天整理同一類的物品較好。

一周打包計劃	第一天	整理一週內必用的物品
	第二天	收拾衣物
	第三天	
	第四天	整理書籍
	第五天	
	第六天	廚房用品
	第七天	零散物品

Point ▶ 該丟就丟，不要捨不得

藉著裝潢，重新檢視屋內的物品、傢具，並思考哪些可以留、哪些可以丟，過於老舊或使用頻率少的物品，建議可以不用猶豫，直接丟棄。不僅可減少未來搬家時的數量，也能汰舊換新。

O2 物品裝箱的原則

項目	原則	方式	
A	上輕下重	將較重的物品放箱子底部。重心在下方比較不易傾倒。	
B	以一人可搬的為限	每箱不宜太重或太大，以一人可搬動為準。	
C	塞滿紙箱空隙	以報紙、保麗龍、氣泡布等緩衝材塞滿，以免箱內物品在搬運過程因晃動碰撞而受損。	
D	箱外標示明確	箱子外側貼上明細或標籤，才容易一目瞭然，並方便尋找。	
E	箱體以 H 字型黏牢	箱頂與箱底應以 H 字型黏貼，並於箱底四邊再繞一圈膠帶，可加強箱底強度支撐箱重。	H 字型的繞法加強箱體

O3 物品打包的原則

項目	物件	方式
A	衣服	建議衣服直立放入箱子中，就能一目瞭然，方便挑選衣服。較輕薄的夏季衣服、內衣、背心等，折好後可裝進鞋盒或衛生紙盒裡，不僅縮小裝箱的體積，也能在搬家後快速整理好。
B	書籍	施工前向設計師、工班詢問新書櫃內部的長度，若沿用現成櫃，也能直接測量。接著綑綁同樣大小的書籍，一捆書的長度能是書櫃長度的一半，這樣在搬回家時，可以直接一捆捆的收進櫃子裡，節省整理時間。
C	寢具	棉被、枕頭等的寢具利用市售的壓縮袋收納，有效節省裝箱的體積。打包寢具依照家庭成員分類，並在壓縮袋外側註明家庭成員的姓名，方便辨認。
D	鍋具	電鍋、悶燒鍋等廚房用品，建議照個人習慣攜帶常用的鍋具。而碗盤數量則依家庭人數攜帶足夠的碗盤。碗盤的打包，一定要一個個分開用白報紙或氣泡紙裝好，不要一起打包，避免碰撞碎裂。
E	家電、3C 用品零件	家電、3C 用品的電線，建議捲好後用膠帶直接黏貼在背後，以防要組裝時找不到；而家電拆下的螺絲零件，用小收納袋裝好，並標註品名，同樣直接貼於家電的背後或是和家電裝在同一箱裡。

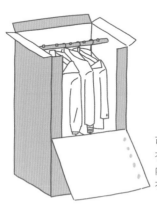

捆書的長度約為書櫃的 1／2 長度，搬入後不需剪斷繩子，放入書櫃後再剪斷。

可跟搬家公司租借「掛衣箱」，專門的掛衣箱內附吊桿可以直接吊掛衣物，有效保護衣物。

04 租屋暫住／入住注意事項

Point ➤ 先向家人諮詢借住意願

一般裝修時間少則 2 個月，長則半年，因此一旦決定要施工時，建議先向家人詢問是否有可以借住的空間，以節省租屋費用。若是沒有空間可以長時間居住，則開始搜尋租屋資訊。

Point ➤ 尋找以舊屋為中心的就近區域

由於是為了等待房子完工的暫時租屋，因此租屋地區建議不用離現有的生活圈太遠，上學上班的通勤時間和路線也可如往常一樣，無須適應新的生活圈，也可以就近搬家或是監工。

建議尋找離家近的租屋處。

走路距離5分鐘。

Point ➤ 要有租金較高的準備

有意願短期出租的，多為職業房東，往往會藉著增加租金，減少空屋期無法收租的金錢損失，像是原本一個月 NT.8000 元，可能會提高到 NT.10000 元。因此在有短期租屋的需求下，要有租金較高的心理準備。並要注意押金的額度應該低於租金，不應因短租而提高，像是只租兩個月，押金卻收到兩個半月，這樣是不合理的。

Point ➤ 搬入時從最內側的房間先搬

「搬出時」，建議先從最外側的玄關、客廳先搬，若先從內側的房間搬起，容易碰撞到客廳的沙發、傢具；「搬入時」，房子最內側的空間先搬，尤其像廚房冰箱、後陽台的洗衣機等大型家電要先進入，若是先放客廳、餐廳的物品，一旦物品塞滿通道，內側空間就不易進入了。

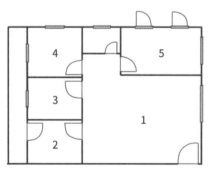

遷出動線順序

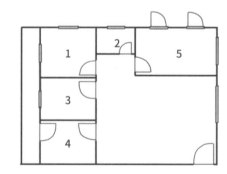

遷入動線順序

發包
體檢
預算
設計圖
配置空間
建材
收納
隔間
照明
配色
法規
工班
報價單
時程
裝修
合約
工程基礎
工程設備
工程裝飾
選搭軟裝
驗收

入住

〈 237 〉

?? 裝修迷思 Q&A

Q. 寄放在出租倉庫的東西被竊，公司無法理賠？

A. 和倉儲公司簽約前，注意對方是否有保火險、竊盜險，避免因為天災、人禍導致貴重受損或遺失，而無法獲得該有的理賠。同時若倉儲空間中有置放貴重傢具、古董等高價物品，建議也需自己保險較恰當。

Q. 沒有完全清空書櫃裡的東西，把櫃子當箱子用，結果玻璃門片被撞壞？

A. 像衣櫃、鞋櫃、儲物櫃、冰箱等，在搬運前務必將內部物品全部清空，並且門片、抽屜會滑動或移動的部位，都要用膠帶貼覆固定，避免運送的過程中打開。櫃內若未清空，內部的物品可能因滑動而造成內部層板受損，門片脫落的情形，甚至在搬運時掉落砸傷搬家師傅。像這類的注意事項，有經驗的搬家公司會事情進行告知，屋主若抱著僥倖的心態，則後果要自負。

📖 裝修名詞小百科

便利倉／迷你倉：客製化的小型便利倉庫，台灣近幾年逐漸引進，主要在解決不同的居家、商業儲藏的難題，在房價高漲的年代，很適合採用這樣的方式解決收納，一般來說，費用以月租計算，依照承租的容量而定，多在 NT.1000 ～ 7000 元之間。

掛衣箱：在箱子內部附有吊桿，可不用拆卸衣架直接吊掛衣服，同時外層再蓋上防護蓋，形同一個小型衣櫃，可有效保護貴重衣物不起皺摺。

👤 老鳥屋主經驗談 —— Janice

二手物品的處理上，可洽各所在地的政府資源回收專線，約定委託清潔隊回收的時間、地點；或委託搬家公司代為清運搬家公司因無法進入公立垃圾場，則要運至民營垃圾回收處理場，因此消費者要再支付拆解、搬運，與運至民營回收處理場的清理費用。

INDEX 發包施工計劃書專家群

朵卡空間設計	TEL：0919-124-736 WEB：http://pochouchiu.blogspot.com/
天瑋室內裝修有限公司	TEL：0939-091-579
今硯室內裝修設計 工程有限公司	TEL：02-2782-5128 ADD：台北市南港區南港路二段 202 號 1 樓 WEB：https://www.facebook.com/Imagism. Design
杰瑪設計	TEL：02-2717-5669 ADD：台北市松山區民權東路三段 144 號 8 樓 825 室 WEB：www.jmarvel.com
文儀室內裝修設計 有限公司	TEL：02-2775-4443 ADD：台北市大安區復興南路一段 127 號 6 樓之 1 WEB：www.leesdesignn.com
蟲點子創意設計	TEL：0922-956-857 ADD：台北市文山區汀州路四段 130 號 WEB：indot.pixnet.net/blog

演拓空間室內設計	TEL：台北 04-2241-0178 ／台中 02-2766-3768 ADD：台北市松山區八德路四段 72 巷 10 弄 2 號 1 樓 WEB：interplaydesign.pixnet.net/blog
亞菁室內裝修 工程有限公司	TEL：02-6620-6760 ADD：新北市中和區中和路 366 號 4 樓 WEB：http://chiefid.idns.com.tw/work/category/7
原木工坊 & 客製化・ 手工實木傢具	TEL：02-2914-0400 ADD：新北市新店區北新路三段 26 號 WEB：wood.house88@msa.hinet.net
亞維設計	TEL：03-360-5926 ADD：桃園市桃園區德華街 173 號 WEB： http://www.avendesign.tw/
榭琳傢飾 SHERLIN	TEL： 02-2748-6768 ADD： 台北市信義區永吉路 298 號 WEB：http://www.sherlin.com.tw/

SOLUTION　111

裝潢自己來，我的第一本發包施工計劃書：

從編預算、畫設計圖、找工班到監工，20項關鍵、360招照著做，沒經驗也能上手

作　　者｜漂亮家居編輯部
責任編輯｜李與真
文字編輯｜蔡婷如、張景威、劉真妤、施文珍、李與真
美術設計｜黃昀嘉
封面設計｜林宜德
插　　畫｜黃雅方
行銷企劃｜廖鳳鈴
工程諮詢審訂｜張主任

發 行 人｜何飛鵬
總 經 理｜李淑霞
社　 　長｜林孟葦
總 編 輯｜張麗寶
副總編輯｜楊宜倩
叢書主編｜許嘉芬
版權專員｜吳怡萱
出　　版｜城邦文化事業股份有限公司 麥浩斯出版
地　　址｜104台北市中山區民生東路二段141號8樓
電　　話｜02-2500-7578
傳　　真｜（02）2500-1916
E-mail｜cs@myhomelife.com.tw
發　　行｜英屬蓋曼群島商家庭傳媒股份有限公司城邦分公司
地　　址｜104台北市中山區民生東路二段141號2樓
讀者服務專線｜（02）2500-7397；0800-020-299（週一至週五AM09:30 ～ 12:00；PM01:30 ～ PM05:00）
讀者服務傳真｜（02）2578-9337
E-mail｜service@cite.com.tw
訂購專線｜0800-020-299（週一至週五上午09:30 ～ 12:00；下午13:30 ～ 17:00）
劃撥帳號｜1983-3516
劃撥戶名｜英屬蓋曼群島商家庭傳媒股份有限公司城邦分公司

香港發行｜城邦（香港）出版集團有限公司
地　　址｜香港灣仔駱克道193號東超商業中心1樓
電　　話｜852-2508-6231
傳　　真｜852-2578-9337
電子信箱｜hkcite@biznetvigator.com

馬新發行｜城邦（馬新）出版集團 Cite(M) Sdn.Bhd.
地　　址｜41, Jalan Radin Anum,Bandar Baru Sri Petaling,
　　　　　57000 Kuala Lumpur, Malaysia
電　　話｜603-9057-8822
傳　　真｜603-9057-6622

製版印刷｜凱林彩印股份有限公司
出版日期｜2018年9月初版1刷　2021年4月初版5刷
定　　價｜499元
Printed in Taiwan

國家圖書館出版品預行編目(CIP)資料

裝潢自己來，我的第一本發包施工計劃
書：從編預算、畫設計圖、找工班到監
工，20項關鍵、360招照著做，沒經驗也
能上手 / 漂亮家居編輯部著. -- 初版. --
臺北市：麥浩斯出版：家庭傳媒城邦分公
司發行, 2018.09
面；　公分. -- (Solution；111)
ISBN 978-986-408-410-4(平裝)

1.房屋 2.建築物維修 3.室內設計

422.9　　　　　　　　　　　107013704